•农民致富关键技术问答丛书•

# 棚室茄子亩产万元关键技术问答

孔娟娟　张立平　郭书普　编著

北京市科学技术协会支持出版

中国林业出版社

## 本书使用说明

● 本书配有 VCD 光盘，光盘与图书结合，充分发挥图书和视频的各自优势，生动直观，实用性强。

● 光盘中的视频目录一目了然，通过操作很容易切换相应的视频。

● 通过图书目录可检索光盘中相应的视频内容。

● 通过光盘视频目录，可检索光盘视频所讲内容在书中的位置。

**图书在版编目（CIP）数据**

棚室茄子亩产万元关键技术问答/孔娟娟，张立平，郭书普编著．-北京：中国林业出版社，2008.1（2009.3 重印）
（农民致富关键技术问答丛书）
ISBN 978-7-5038-5073-8

Ⅰ．棚…　Ⅱ．①孔…　②张…　③郭…　Ⅲ．茄子-温室栽培-无污染技术-问答　Ⅳ．S641.1-44

中国版本图书馆 CIP 数据核字（2007）第 196437 号

出版：中国林业出版社（100009　北京市西城区刘海胡同 7 号）
网址：http：//www.cfph.com.cn
E-mail：public.bta.net.cn　电话：83224477
发行：新华书店北京发行所
印刷：北京昌平百善印刷厂
版次：2008 年 3 月第 1 版
印次：2009 年 3 月第 2 次
开本：850mm × 1168mm　1/32
定价：15.00 元
（随书赠 VCD 光盘）

# 前 言

随着人们生活水平的提高，温饱已不再是人们追求的主要目标，人们更注重的是产品的品质。人们在要求产品营养丰富的同时，还对其感观、风味、功能、卫生等提出了更高要求。

茄子味道鲜美，营养丰富，它不仅是我国广大城乡人民喜爱的主要蔬菜之一，而且是一味大名鼎鼎的中药。现代分析发现，其鲜果中含有较多的蛋白质、维生素、粗纤维和矿物质等。

茄子的吃法，荤素皆宜。既可炒、烧、蒸、煮，也可油炸、凉拌、做汤，都能烹调出美味可口的菜肴。茄子皮里面含有维生素B，维生素C的代谢过程是需要维生素B的支持的。

科技人员通过多年的努力，在品种选育、种植方法、嫁接技术、病虫害防治、耐贮性等方面的研究都取得了很大的进展，使茄子的种植效益有了明显提高。

本书根据近年来作者在指导生产中农民经常提到的一些困惑和问题，结合自己的一些学习心得，从种好茄子要掌握哪些基本的知识、怎样去选用品种、怎样进行露地栽培、怎样进行各种保护地栽培、怎样提高产量、怎样获得更高的种植效益、怎样进行间作套种、怎样防治病虫害、怎样进行产后的贮藏保鲜和加工等方面，回答了生产中常遇到的一些问题，希望为读者提供一些帮助。

由于作者水平有限，加上受到时间、篇幅的限制，疏漏、谬误在所难免，恳请广大读者批评指正。

在编写本书的过程中，参阅了大量文献资料，在此一并向各位同仁表示感谢。

编著者

2007年8月

# 目录

## 3 茄子种子处理

## 4　茄子育苗方法

## 5 茄子露地栽培

## 6　茄子塑料大棚栽培



## 7　茄子日光温室栽培

## 9 茄子病虫害防治？

# 《棚室茄子亩产万元关键技术问答》VCD 光盘视频目录

# 茄子的基本知识

茄子为一年生草本植物。以幼嫩果实供食用，起源于亚洲东南亚热带地区，古印度是最早驯化地。我国栽培茄子的历史悠久，栽培的类型品种繁多，一般认为中国是茄子第2起源地。茄子是我国栽培较广的茄果类蔬菜之一，是一种分布广，可周年供应、经济实惠的大宗蔬菜，深受广大生产者和消费者的欢迎。

## 1 茄子生产现状如何?

东南亚是世界茄子种植面积最大的地区，中国是世界最大的茄子生产国。2003年中国茄子的种植面积约占世界的52.2%；其次是印度，约占世界茄子种植面积的31.3%。非洲及欧美国家也有栽培，但种植面积不大。从1994~2003年的10年间，世界茄子的种植面积增长了147.5%，中国同期种植面积则增长了97.7%。

据统计，2003年我国茄子种植面积为1059万亩，其中种植面积在60万亩以上的有河北、江苏、山东、河南、湖北和四川等6个省，分别为66、69、121.5、100.5、76.5、67.5万亩；广东省茄子种植面积为57万亩，约占全国茄子种植面积的5.38%。受气候、收获期长短及所用品种类型的影响，南方茄子的单产水平明显低于北方，2003 年全国茄子平均单产达 2667 千克的省(区、市)有 8 个，分布在山东省及以北地区，单产最高的是河北省，达 3333 千克，而广东仅为 1440 千克。

**特别提示**

广东、广西、海南及福建、湖南、江西的部分地区以种植紫红长茄为主，对商品果的外观要求较高。近年来北方的紫黑长茄也开始有少量种植，采用的品种有来自韩国、法国、日本等的进口品种，也有四川等地育成的国内品种。这些品种的特点是较早熟，果实外皮紫黑色、光泽度好，果肉青色、较松软。进入 2005 年，紫黑类型长茄在广州市的各大菜市场均有销售，尤其是春节期间，产品主要来自北方的大棚种植。

## 2 茄子的营养价值如何?

茄子味道鲜美，营养丰富，它不仅是我国广大城乡人民喜爱的主要蔬菜之一，而且是一味大名鼎鼎的中药。现代分析发现，其鲜果中含有较多的蛋白质、维生素、粗纤维和矿物质(钙、铁)等。据测定，每 100 克果实中含蛋白质 2.3 克、脂肪 0.1 克、碳水化合物 3.1 克、钙 22 毫克、磷 31 毫克、铁 0.4 毫克。特别是维生素 P 的含量很高，每 100 克中即含维生素 P 750 毫克，这是许多蔬菜水果望尘莫及的。维生素 P 能使血管壁保持弹性和生理功能，防止硬化和破裂，所以经常吃些茄子，有助于防治高血压、冠心病、动脉硬化和出血性紫癜。

此外，茄子纤维中所含的抑角苷，具有降低胆固醇的功效。科学家用肥胖兔子做试验，结果食用茄子汁一组的兔子比对照组兔子体内胆固醇含量下降 10%。美国一家杂志在介绍《降低胆固醇十二法》一文中，把食用茄子排在首位。因此，高血压、动脉硬化、冠心病、咯血、紫癜和坏血病等患者，常食茄子大有裨益。

**特别提示**

茄子还是癌症的“克星”。印度药理学家已从茄科植物中成功地提取出一种龙葵素，用来治疗胃癌、唇癌、子宫颈癌等症。一些接受化疗的消化道癌症患者，出现发热时，也可用茄子作辅助治疗食物。老年人因血管逐渐老化与硬化，皮肤上会出现“寿斑”，斑点随年龄增大而由小变大，由点连成片，这种小型的皮下出血往往是中风的前兆。而多吃些茄子，老年斑会明显减少。把带蒂茄子焙干，研成细末，更常作外用。

## 3 茄子有哪些吃法？

茄子的吃法，荤素皆宜。既可炒、烧、蒸、煮，也可油炸、凉拌、做汤，都能烹调出美味可口的菜肴。吃茄子建议不要去皮，它特别的价值就在皮里面，茄子皮里面含有维生素 B，维生素 B 和维生素 C 是一对很好的搭档，维生素 C 的代谢过程中是需要维生素 B 的支持的。

中医学认为，茄子属于寒凉性质的食物。所以夏天食用，有助于清热解暑，对于容易长痱子、生疮疖的人，尤为适宜。消化不良，容易腹泻的人，则不宜多食，正如李时珍在《本草纲目》中所说：“茄性寒利，多食必腹痛下利”。《滇南本草》记载，茄子能散血、消肿、宽肠。所以，大便干结、痔疮出血以及患湿热黄疸的人，多吃些茄子，也有帮助，可以选用紫茄同大米煮粥吃。《本草纲目》介绍，将带蒂的茄子焙干，研成细末，用酒调服治疗肠风下血；《滇南本草》主张用米汤调服，更为妥当，因为肠风下血和痔疮出血，都不宜用酒。把带蒂茄子焙干，研成细末，更常作外用。

茄子皮薄多肉，一般都鲜食或加工，很少进行贮藏。我国民间茄子的加工有腌渍茄子、酱制茄子及干制茄子等3种方法。

**特别提示**

《妇人良方补遗》记载，把茄子细末用水调匀，外涂治疗乳房皲裂。现代的《中药大辞典》又介绍将冰片混入茄子细末之中，撒布于皮肤溃疡处，有一定疗效。《随息居饮食谱》说茄子有活血、止痛、消痈的功效，确为经验之谈。

## 4 茄子的种植效益如何？

茄子耐湿、耐热，适应性强，容易栽培，产量高，品质好，营养丰富，栽培面积大，采收期长，从初夏到晚秋长达5~6个月，是解决8、9月淡季的主要蔬菜种类之一。它在果菜类蔬菜中占有重要的地位，栽培面积仅次于瓜类蔬菜。茄子多在春、秋季栽培，近年来，随着设施农业的发展，茄子的四季生产、周年供应已经实现，采用日光温室冬季生产茄子的面积逐年增加，经济效益十分可观。由于茄子耐贮藏、耐运输，使它成为由蔬菜生产基地运往城镇、由南方运往北方的一种主要蔬菜。

我国茄子产品的批发价格在2000年达到一个较高的水平后，连续2年下跌。进入2003年后，我国茄子产品的批发价格又开始上扬，直至目前仍维持在较高的水平。嫁接的茄子品质好、产量高、销售市场好，价格比普通茄子平均高0.1元/千克。茄子的生产正经历近年来较好的发展机遇。

**特别提示**

茄子食用幼嫩浆果，可炒、煮、煎食、干制和盐渍。除此以外茄子还含有少量茄碱，其纯品为白色结晶体，有降低胆固醇，增强肝脏的生理功能。近年来，随着北运市场需求量的增大，北运基地也喜欢种紫黑色，有亮泽的长茄、卵圆茄和圆茄。

## 5 茄子生长发育的环境包括哪些内容？

茄子生长发育和果实的形成，都要在一定的环境条件下才能进行。在茄子生产中，必须了解各种环境条件对茄子生长发育的影响，才能正确采用优良的栽培技术，创造适宜的环境条件，来控制其生长发育，达到高产优质的目的。茄子要求的环境条件包括温度、光照、水分、气体、土壤和营养条件等。茄子具有喜温、喜光、耐肥及半耐旱的生物学特性。在气候温暖、阳光充足、阴雨天少的气候条件下生长良好，容易取得高产；高温多雨、光照不足，往往生产衰弱，病害严重。

## 6 茄子生长发育对温度有什么要求？

茄子喜温，不耐寒冷，对温度的要求比番茄、辣椒等作物要高一些，耐热性也较强，但在高温多雨季节容易烂果。茄子的不同生长发育阶段，其所要求的适宜温度有所不同。

茄子发芽期的环境温度以30℃为宜，最低温度不能低于11℃，最高温度不要超过40℃。在恒温条件下，茄子种子常发芽不良。目前，生产上较多采用的是30℃的条件下处理16小时后，再在20℃的条件下处理8小时，在这种变温处理条件下，种子发芽快，出芽齐而壮。

茄子幼苗期生长最适温度为22～30℃，最高温度为32～

33℃，最低温度为 15 ~ 16℃。当气温低于 10℃时，会引起幼苗新陈代谢紊乱，导致植株停止生长；低于 7 ~ 8℃，茄子的茎叶就会受到伤害；当温度降到 -1 ~ -2℃时，幼苗就会被冻死。

在茄子苗期的温度管理上，不仅要考虑到幼苗的营养生长，还要考虑花芽分化、发育对温度的要求。要特别注意保持昼夜温差，即白天保持较高的气温，以促进叶片的同化作用，为植株多积累养分；夜间要保持略低的气温，以利于叶片中的同化物质向植株内部运转，并减少植株的呼吸消耗。为此，白天适温为 27 ~ 28℃，夜间适温为 18 ~ 20℃。夜间温度特别是后半夜温度过高，幼苗容易徒长，抗逆性下降，不利于培育壮苗。

茄子进入开花结果期后，在温度管理上应兼顾开花和结果两方面的要求。在这一阶段温度控制得好，对获得高产是十分重要的。一般来说，白天温度应控制在 25 ~ 30℃，夜间温度应在 18 ~ 20℃，地温以 17 ~ 20℃最为适宜。当白天温度高于 35℃或低于 20℃时，都会造成授粉受精和果实发育不良。如果夜温长期低于 15℃，则植株生长缓慢，易产生落花，同时不利于果实发育；但夜温过高，并不能促进果实膨大。因为这时植株呼吸消耗增大，运往果实的同化物质反而减少，并且容易导致植株出现营养不足的症状。另外夜温过高也不利于后继花果的生长发育。

**特别提示**

茄子喜高温，种子发芽适温 25 ~ 30℃，最低发芽温度 11℃。幼苗期发育适温白天 25 ~ 30℃，夜间 15 ~ 20℃。15℃以下生长缓慢，并引起落花，10℃以下停止生长，0℃以下受冻死亡。超过 35℃，花器发育不良，果实生长缓慢，甚至成为僵果。在温室中栽培茄子最好要安排在室温能达到 15℃以上的季节，或改善温室采光、保温性能，使室内温度在 15℃以上。同时为了提高花芽质量，一定要控制夜温，不能过高。

##  7 茄子生长发育对湿度和水分有什么要求?

茄子的叶片大，蒸发量也大。因此，对土壤水分的要求较为严格，土壤相对含水量在 70% ~80% 为宜。当土壤水分充足时，开花多，结实也多。当土壤缺水时，植株生长不良，花的质量差，多出现短柱花，引起落花落果，果实小而无光泽。当然，土壤也不能过湿，湿度过大时容易导致病害的发生。茄子不同生长发育时期对水分的要求有以下特点：

茄子种子的含水量一般在 5% ~6% 。由于发芽时要求吸收的水分接近其重量的 60%，所以茄子种子发芽需要充足的水分。否则，发芽率低、出苗慢。

在幼苗生长初期，要求水分充足。随着幼苗的不断生长，植株根系逐渐发达，吸水能力增强，这时如果水分过多，再遇上光照不足，或夜温过高、密度过大，均易引起幼苗徒长。

在正常光照、温度条件下,充足的水分能够促进幼苗生长和花芽分化;但如果水分过多,又会产生幼苗长势弱、花芽质量差的问题。

在茄子栽培中后期,如果出现高温干旱,植株的生长势就会减弱,生长发育受阻,易引起植株早衰,并出现落叶、落花、落果现象。

茄子果实中的含水量很高，水分对果肉细胞的膨大起着非常重要的作用。如果水分不足，果实发育不良，多形成无光泽的僵果，品质变劣。

**特别提示**

茄子枝叶繁茂，结果多，需水量较大。但对水分要求随着生长阶段不同而有差异。门茄形成以前需水量少，门茄迅速生长以后需水多一些，对茄收获前后需水量最大，要充分满足水分需要。缺水则严重减产，品质下降。茄子喜水又怕水，土壤潮湿，通气不良时，易引起沤根，空气湿度大容易发生病害。

## 8 茄子生长发育对光照有什么要求?

茄子是喜光性作物。光照强时，光合作用旺盛，有利于干物质的累积，植株生长迅速，果实品质优良，产量增加。光照弱时，光合能力降低，茄子同化量降低，植株生长弱，产量低，并且果实的色素不易形成，茄子果实着色不良。从而影响茄子的商品价值，尤其紫茄品种表现得更为明显。此外，不同的光照长度对茄子花芽分化的早晚以及花的形成质量都有所影响，光照延长则生长旺盛，尤其是苗期在15~16小时的长光照下，花芽分化早，着花节位低。相反，如果光照不足，则花芽分化晚，开花迟，甚至长柱花减少，中花柱和短花柱花增加。因此，在苗期花芽分化阶段，尤其要注意保证幼苗充足的光照时间，以期达到提早收获的目的，并且在栽培上要注意通过合理密植等手段充分利用阳光，以达到高产、优质的目的。

**特别提示**

茄子对光照要求严格，日照时间长，光照度强，植株生长旺盛；日照时间短，光照弱花芽分化和开花期推迟，花器发育也不良，短柱花增多，落花度高，果实着色也差，特别是紫色品种更为明显。因此，温室栽培中张挂反光幕是十分必要的。

## 9 茄子对气体条件的要求有何特点?

茄子植株在生长发育过程中，要求土壤和空气中的二氧化碳和氧气等气体含量较高，才能满足其呼吸和进行光合作用的需要。一般空气中的氧气含量大约为21%，能够满足植株地上部分所需要的氧气。但是，一般耕地土壤中的氧气含量较少，特别是在排水不良或表土板结的黏性土壤上栽培茄子，易发生因根部缺氧而沤根，造成植株生长不良。育苗时，如果土壤表层板结，透气性差，则种子萌芽、出土困难，重者会造成烂种。

茄子果实的发育与空气中的二氧化碳含量有密切的关系。在适宜的温度和光照条件下，适当增加空气中的二氧化碳浓度，能够提高植株进行光合作用的强度，尤其是在保护地条件下。但是，空气中二氧化碳的含量过高，又会对茄子植株产生抑制作用。另外，在温室大棚等保护地环境下栽培茄子，由于其较密闭，易造成氨气、亚硝酸气体、二氧化硫、一氧化碳等有毒气体的积累，当这些气体的含量累积到一定程度，会使茄子的生长发育受到毒害。

**特别提示**

茄子不仅从土壤中吸收营养，而且还从空气中吸收二氧化碳，并通过光合作用合成植株生长发育的基础物质，即碳水化合物。因此，空气中二氧化碳浓度直接影响着茄子的生长发育。研究表明，将大气中二氧化碳浓度由0.03%提高到0.1%～0.15%，其光合效率可比正常情况下提高2～3倍。因此，在保护地中施用二氧化碳对茄子的生长发育具有重要作用。

## 10 茄子对土壤和营养条件的要求有何特点?

茄子对土壤的要求不太严格，所以能在全国各地广泛栽培。但是，由于茄子耐旱性较差，同时比较喜肥。因此，栽培茄子宜选择排水良好、土层深厚、富含有机质的壤质土，以利于根系发育。适宜种植在酸碱度为中性到微碱性土壤。如果土壤干旱和瘠薄，则生长的果实皮厚肉硬，种子变老，风味不佳，产量降低。

茄子喜肥耐肥。其中茄子对氮肥要求较高，钾肥次之，磷肥较少。氮肥不足则生长弱，分枝少，落花多，果实生长慢，色泽不佳。施肥以氮、磷、钾同时施用效果好。一般每生产1000千克茄子，需吸收氮(N)3～4千克、磷($P_2O_5$)0.7～1千克、钾($K_2O$)4.0～6.6千克。

茄子在各个生育时期对土壤养分的需要量也不同。种子发芽期，主要利用种子内部的贮藏物质生长，吸收土壤中营养元素很少，这时的土壤溶液浓度过高反而有害。在育苗时，要选用肥沃床土和多施有机肥料，无机肥的施用量要少。

茄子在苗期需磷较多，如磷肥充足则根系发达，茎叶粗壮，花芽也能提早分化。但磷肥的效果必须在氮肥水平较高的情况下才能表现出来。以后随着植株的长大，需肥量逐渐增加，但一般在定植前施足底肥的情况下，直到门茄坐果前不进行追肥。进入结果期以后，果实迅速膨大，要求供应大量的营养元素，尤其对磷、钾肥的需求量增大，这个时期如果氮肥不足，植株就会发育不良，同时上层花的短柱花比例增加。生育后期，果实和茎叶的生长量都减少，植株衰败，根系吸收能力减弱，不必再追肥。

茄子对某些微量元素也很敏感，如土壤缺少镁，就会使叶脉附近特别是主脉周围变黄失绿；如果土壤缺少钙，叶片上的网状叶脉就会变褐而出现“铁锈”状叶。

**特别提示**

茄子对土壤的适应性广，沙质和黏质土均可栽培，较耐盐碱。茄子对肥料要求，以氮肥为主，钾肥次之，磷肥较少。果实膨大期(结果期)需要补充大量氮肥，并适当配合施钾肥，幼苗期需磷肥较多，磷肥有促进根系发育、茎叶粗壮和提高花芽分化质量的作用。

## 11 茄子无公害生产对环境有什么要求？

无公害茄子产地环境空气、灌溉水、土壤质量应符合《无公害食品蔬菜产地环境条件(NY5010－2002)/中华人民共和国农业行业标准》的规定。

说到无公害栽培，如果要较起真来是从选择菜地开始的，除了生产上应该注意的轮作、土壤肥沃等必要因素，还要看该菜地土壤是否含有超标的重金属物质；其上空的空气质量在茄子的生长期是否存在有害物质的污染；对流经菜地的灌溉水中，无公害蔬菜要求的有害物质是否超标；菜地周围是否有排“废水”、“废渣”、“废气”的工业企业存在。如果以上的回答都是“否”，才可以考虑在这块菜地搞无公害茄子的生产。

## 12 茄子无公害生产可以施用哪些肥料?

无公害茄子施肥的原则为，坚持以有机肥为主、无机化肥为辅的原则。实行测土配方施肥，最大限度地保持农田土壤养分平衡和土壤肥力提高，减少肥料成分流失对农产品和环境造成的污染。

无公害茄子生产可以施用的肥料种类为：农家肥包括厩厕肥、绿肥、作物秸秆肥、泥肥、饼肥等，除绿肥外，其他肥应堆沤腐熟后使用，有害元素含量不得超标；商品肥料包括有机复混肥、腐殖酸类肥、微生物肥、无机肥、叶面肥等；其他肥料不含有害物质的食品、鱼渣、牛羊毛废料、骨粉、氨基酸、残渣、家畜家禽加工废料、糖醋厂废料等有机物料制成的经农业管理部门登记允许使用的各种肥料。

**特别提示**

禁止使用的肥料种类包括：未经无害化处理的城市垃圾或含有金属、橡胶、塑料等有害物质的垃圾；硝态氮肥和未经腐熟的人粪尿；国家或省明文禁止使用的肥料和未获准登记的肥料产品。

# 茄子品种和类型

长期以来，经人工培育和自然选择，各地形成了类型繁多的茄子地方品种。现在保存的各地茄子品种已达900份左右。其中有很多是高产、质优抗病、适应性强的优良地方品种，或具有其他优异性状且有较高利用价值的品种。

## 13 主产区对品种有何要求？

与其他蔬菜不同的是，长期以来，因各地消费习惯及生态气候不同，茄子栽培品种形成了不同生态类型，生产与消费的区域性都很强，特别是商品外观品质必须符合当地的消费习惯才能被接受。

东北地区种植的茄子品种以紫黑色长茄为主，华北地区以紫黑色大圆茄为主，西南的四川、重庆及湖北等地的茄子品种有紫黑色长茄和紫红色长茄，而江浙一带以紫红色线茄种植面积较大。

山东是我国茄子种植第1大省，其茄子品种类型较多，南北多种类型均有种植。华南地区(广东、海南、广西)及与之相邻的福建、湖南、江西的部分地区以深紫红色长茄为主，对品种的要求是：商品果实长28~32厘米，横径5.0~6.0厘米，头尾均匀，圆底，果皮深紫红色、有光泽；生长势强、不早衰，持续收获期长；耐热性强，在高温条件下果皮色不易变浅；抗青枯病、褐纹病、白绢病及绵疫病(烂果)等。

## 14 茄子品种分为哪几类型？（视频 2）

茄子在我国栽培历史悠久，分布广泛，品种繁多。现在大约有 200 多个地方品种，近 4000 份品种资源。

按植物学划分：一般将茄子分为圆茄、长茄和矮茄 3 个变种。

根据果实形状的不同分：茄子可分为圆茄、椭圆茄、长茄等类型。圆茄果实为圆球形，果实大，单株结果较少，单果重约 300～1000 克，肉质较紧密，质地硬，品质好。长茄果实为细长形或长棒形、短棒形，先端有的有尖嘴状或鹰嘴状突起，果皮薄，肉质疏松，柔软，种子较少。椭圆茄果实椭圆形或扁圆形，形似灯泡，果肉有的较松软，有的较致密，品质好。

根据果实的颜色分：大致可分为紫茄、红茄、绿茄、白茄等类型。紫茄有深紫色、浅紫色、黑紫色、紫红色，也有紫绿相间条纹色；绿茄有深绿色、浅绿色、青绿色，也有白绿相间条纹色；白茄有纯白色、黄白色等。

## 15 茄子地方品种类型如何分布？

茄子在我国长期的栽培驯化过程中，随各地生态环境和消费习惯的不同，形成了众多相对稳定的地方品种类型。通过对国家蔬菜种质资源中期库保存的茄子及其近缘野生种资源统计分析表明，虽然我国各地茄子地方品种数量不同，品种类型地域间差异很大，但是区域内各地主栽品种类型比较相近，大致可以分为 7 个地方品种类型分布区域。

**圆果形茄子区** 包括北京、天津、河北、内蒙古中部、河南、山东北部和山西大部分地区。茄子地方品种以圆果形为主，除河南以栽培绿皮茄子品种为主外，这一区域内栽培的茄子主要是紫皮茄子，只是各地消费习惯不同对果皮的紫色深浅要求有差异。

**黑紫色长棒形茄子区** 包括黑龙江、吉林、辽宁和内蒙古东部一些地区。主要以栽培黑紫色长棒形茄子为主。近年来随着冬春保护地茄子栽培的发展，紫色果皮品种在保护地栽培由于光照强度和光质的影响着色不好，特别是在覆盖绿色塑料棚膜的大棚中着色更差，因此在辽宁等地绿色长棒形茄子品种的早春保护地栽培发展很快。

**紫红色长条形茄子区** 包括江苏南部、浙江、上海、福建、台湾等地。主要以紫红色长条形茄子为主，其中江苏、浙江和上海一带喜欢栽培紫红色长条形茄子。

**紫红色长棒形、卵圆形茄子区** 包括安徽、湖北、湖南、江西等地。茄子地方品种类型较多，主要是紫红色长棒形或卵圆形品种，同时绿色和白色果皮品种也有一定的数量。

**紫红色长果形茄子区** 包括广东、海南和广西。这一地区栽培较多的是紫红色长果形品种，伴有部分白色和绿色果皮品种栽培。

**紫色卵圆（高圆）形茄子区** 包括陕西、甘肃、宁夏、新疆和青海等地。主要栽培的是紫色卵圆或高圆形茄子，有部分绿色果皮和白色果皮品种栽培。

**紫色棒形、卵圆形茄子区** 包括重庆、四川、云南、贵州、西藏，当地栽培的地方品种较多，类型多样，长果形和圆果形品种均有栽培，长果形品种中以长棒形居多，圆果形中以卵圆形和长卵圆形居多，果皮色多数为紫色。

## 16 圆茄变种有哪些代表种？（视频 1）

圆茄类茄子植株高大，茎秆粗壮，叶片宽大厚实，生长旺盛。

果实有圆球形、扁圆球形和椭圆球形3种。果皮有黑紫色、紫红色、绿色和白色等。圆茄类多为中晚熟品种，肉质紧密，单果大。这一类型品种属于北方生态型，不耐湿热及多雨气候，适宜气候温暖、干燥、阳光充足的大陆性气候条件。生产上栽培的主要优良品种有：

**丰研1号** 北京市丰台区农业科学研究所选育。晚熟。株高约80厘米，株型较直立，生长势强。茎秆紫色，叶片窄小，叶面着生细密的短刺毛，叶脉及叶柄上有刺，萼片、果柄上亦有均匀稀疏的短刺毛。第1果着生于主茎第9节。果实圆形，黑紫色，有光泽。果肉浅绿白色，肉质致密、细嫩、微甜，品质佳，单果重500~700克。抗逆性强，耐热、抗涝，对绵疫病、黄萎病、病毒病和茶黄螨有较强抗性。亩产量4000~5000千克。

**丰研2号** 北京市丰台区农业科学研究所培育的杂交一代。极早熟。植株直立、矮小，叶疏，适宜密植。主茎第6~7节着生始花，果实圆形，外皮黑紫有光泽。果肉致密、品质好。单果重300克左右，亩产量3000~4000千克。

**六叶茄** 北京市地方品种。早熟。株高约70厘米，开展度90厘米，植株生长势中等。第1果着生于主茎第6节上方。果实扁圆形，果皮黑紫色、有光泽。果肉浅绿白色，肉质致密、细嫩，品质好，单果重约400~500克。耐低温，耐热性差，不耐涝，抗病虫能力弱。抗绵疫病、褐纹病能力强，易受红蜘蛛、茶黄螨危害。适宜春季露地和保护地栽培。

**七叶茄** 北京地方品种。中早熟。株高约80~90厘米，开展度100~120厘米，生长势强。第1果着生于主茎第7~8节。果实扁圆形，纵径约10厘米，横径14~16厘米，外皮紫黑色，有光泽。果肉浅绿白色，肉质致密、细嫩，品质佳。单果重约600~800克。耐热性强，抗绵疫病能力差。一般亩产量3000~5000千克。适宜露地和保护地栽培。

**茄杂2号** 河北省农林科学院蔬菜花卉研究所培育的一代杂种。早熟。从定植到始收47天。株高80厘米左右，茎直立，且分枝多。叶片绿紫色，果实圆形，果皮紫红色，果面光滑。果肉细嫩，软硬适中，味甜，种子少，品质上等。平均单果重546.7克，连续坐果能力强。抗逆性较强，较抗寒，抗黄萎病、耐绵疫病。亩产量4000千克。

**洛阳早青茄** 洛阳市辣椒研究所选育的常规品种。早熟。第6~7节着生第1花，门茄花蕾发育好。果实卵圆形，色油绿、质细嫩、籽少、品质优。门茄单果重300~400克，对茄果重可达1000克，亩产量5000~7000千克。在我国大部分地区都可用于露地栽培和保护地栽培。

**青丰1号** 天津市农科院蔬菜所培育的一代杂交种。早熟。株高约75厘米，开展度65厘米。7~8节着生门茄。果实卵圆形，鲜绿色，有明亮光泽，肉质细嫩，风味佳，单果重350~400克。亩定植2000~2200株，产量达6500~7000千克。较抗黄萎病、枯萎病，耐绵疫病。适合华北、东北及西北地区早春塑料大棚、日光温室和春露地栽培。

**京茄一号** 北京市农林科学院蔬菜研究中心育成的一代杂种。早熟。始花节位着生于主茎7~8节。植株生长势较强，叶色紫绿，株型半开张，连续结果性好，平均单株结果数8~10个，单果重500~700克。果实为扁圆形，紫黑发亮，果肉浅绿白色，肉质致密细嫩。品质佳。对低温适应性强。适宜华北、西北、东北地区棚室栽培。

**西安糙青茄** 陕西地方品种。中熟，生长势较强，第1花着生于第7~9节。果实灯泡形，果皮绿色，有光泽，果肉浅绿白，单果重500克。一般亩产量4000千克。

**西安紫圆茄** 陕西地方品种。晚熟。株型高大，生长健壮，一般第1花着生于第9节。果实圆形，紫红色，果肉白色，单果重1000克。一般亩产量4000～5000千克。

**冀茄1号** 河北省阜城县选育。晚熟。生长势强，株高140～150厘米，茎粗壮，第8～11节出现第1花。果实灯泡形，果皮紫红色有光泽，果肉浅绿白，单果重1000～1500克。亩产量5000～8000千克。

**特别提示**

圆茄变种茄子生长势中等，果实较小，椭圆形或灯泡形。果实质地松软，种子较多，品质不佳。多数早熟，也有中晚熟品种，适于早熟栽培。除上述品种外，目前常用的还有：北京小圆茄、北京灯泡茄、锦州小火茄、天津快圆茄、天津二蓖茄、西安绿茄、济南大红茄、安阳大红茄、圆杂2号、新乡糙青茄、二民茄、滨州圆茄、沧海2号、毛圆茄、紫光大圆茄、圆丰1号、湘早茄、圆茄王、辽茄8号、圆杂1号、京研2号、蒙茄4号等农家品种和优良新品种。

## 17 长茄有哪些主要优良品种？（视频3）

长茄类茄子植株高度及生长势中等，叶片小而狭长，分枝多，果实细长，皮薄，肉质松软，种子含量少。果实有紫色、青绿色、绿色和白色等。单果重较小，但单株结果数较多，多数为中早熟品种。生产上栽培的主要优良品种有：

**湘茄2号** 湖南省农业科学院蔬菜研究所培育的杂交一代。早熟。株形紧凑，第1花着生于第8～9节。果实粗棒形，紫红色，果肉白色。单果重156克。抗绵疫病，较抗青枯病，耐寒、耐涝性强。一般亩产量2500～3000千克。

**红茄034** 江苏省农科院蔬菜研究所选育的一代杂交品种。早熟。株高104厘米，株型直立。首花节位为第10节，果实紫红色，细长条形，果长27厘米，果粗2.5厘米，光泽强，一致性好，单果重62.4克，品质优。耐热性强，高温下能保持正常颜色及光泽。适宜露地早熟栽培。

**沈茄1号** 沈阳市农业科学研究所培育的早熟、抗病、高产、优质杂交种。株高65厘米，开展度50厘米，株型紧凑，适宜密植。茎秆紫色，叶深绿色，叶脉紫色。生长势较强。第1果着生于主茎第9～10节。果实长条形，长25厘米，粗4厘米，果皮紫黑色，有光泽。果肉白色，籽少，果实品质好，单果重200克。较抗黄萎病。播种后110天开始采收，一般亩产量4000千克。该杂交种抗逆性较强，适宜露地、保护地、割茬再生等多种栽培形式。适应范围也较广，可在一切紫长茄生产地区栽培。露地定植每亩3500株，保护地每亩定植4000株左右。

**龙杂茄2号** 黑龙江省农业科学院园艺研究所培育的杂交一代。早熟。植株生长势强，株高60～70厘米，开展度64～68厘米。第7～8节出现第1花。果实长棒形，果顶稍尖，黑紫色，有光泽。果肉绿白色、细嫩、籽少，单果重100～150克。亩产3000～5000千克。

**早茄2号** 湖南省农科院蔬菜研究所育成的一代杂种。早熟。株高69厘米，开展度79厘米。果实粗长条形，果长25.8厘米，粗4.4厘米，外皮紫红色，有光泽。果肉细嫩，品质好，单果重140～180克。抗枯萎病能力较强。一般亩产量2500～3000千克。

**杭州红茄** 杭州一带的地方优良品种。中早熟。第1果着生于主茎第6～8节。株高60～70厘米，开展度70～80厘米，茎秆褐色。叶卵圆形，叶绿色带紫晕，叶柄及叶脉紫色。果实圆柱形，稍带弯曲，长25～35厘米，粗3.5厘米，单果重75克。果皮紫红色，果脐小，肉质较松嫩、品质佳。一般亩产量3000～4000千克。

**浙丰茄1号** 浙江省种子公司选育。株高80厘米左右，开展度 50 厘米 × 50 厘米。结果层密，坐果率高，果长 30 ~ 35 厘米，果粗 2.5 厘米，单果重 60 ~ 70 克。前期耐低温、弱光。低温下坐果性好，后期耐高温。果实长而直，商品性好，极耐贮运。果皮光滑，皮薄，肉质洁白细嫩，口感好，粗纤维含量少，品质优。一般亩产量 3600 千克。

**农城紫长茄 1 号** 西北农林科技大学园艺学院选育的一代杂交种。中早熟。生长势强，株高 1.0 ~ 1.1 米，株幅 0.9 米。茎和叶脉呈紫色，叶片绿色。果长 22 ~ 25 厘米，横径 6 厘米左右。果顶圆形，果面紫色发亮，果肉白绿色，籽少，质地软，耐老。单果重 150 ~ 220 克。坐果多。抗逆性强，耐冷、抗热，高抗黄萎病。一般亩产量 5000 ~ 6000 千克。适宜露地或覆盖栽培。

**农城紫长茄 2 号** 西北农林科技大学园艺学院选育的一代杂交种。早熟。生长势强，株高 1 米左右，株幅 0.8 米。茎和叶脉呈紫色，叶色深绿而略带浅紫色。果长 25 厘米，横径 6.5 厘米左右。果顶钝圆，果皮深紫色，光亮，果肉白绿色，籽少，质地软，耐老。单果重 160 ~ 200 克。坐果早而多。抗逆性强，耐冷，抗黄萎病。一般亩产量 5000 ~ 6000 千克。适宜早熟覆盖栽培。

**红丰紫长茄** 广东省农科院蔬菜所育成的杂种一代。中早熟。植株生长旺盛，坐果多，高产。单果重 250 ~ 300 克，皮色紫红，肉白色，果实长棒形，果长 30 厘米，果宽 6 厘米，头尾均匀，较直，商品价值高。抗青枯病、耐绵疫病和黄萎病，耐雨水。是出口和北运菜的首选品种。一般亩产量 4500 千克。

**双头齐紫茄** 广州市蔬菜科学研究所育成。中早熟。株高 120 厘米。果实棒形，紫黑色，有光泽，果长 23 ~ 25 厘米，粗 5 ~ 6 厘米，头尾均匀一致，单果重 220 ~ 250 克。肉质雪白、柔软，品质优良。耐热，耐贮运。亩产量 3000 千克左右。

**苏崎茄子** 江苏省农业科学院蔬菜所育成的一代杂种。中早熟。株高 1 米左右，开展度 80 厘米，株形开张，生长势强。茎秆紫色带绿。果实长棒形，长25~30厘米，粗4厘米，外皮深紫色，有光泽。皮薄、籽少，肉质松软，味稍甜，较耐老，品质好。单果重130~150克。耐湿热，产量高，一般亩产量4000~5000千克。

**长丰1号** 山东省农业科学院蔬菜研究所育成的杂种一代。中熟。植株长势中等，茎较细，茎及叶柄紫色，叶片长卵圆形，叶柄细长。果实长棒状，长可达30厘米以上，粗一般可达6.8厘米，一般单果重300克左右，果皮及萼片黑紫色，果面有光泽，适收期长，不易衰老，商品性极佳。果皮薄，果肉白绿色，绵甜细嫩，纤维少，食用风味好。

**中茄1号** 湖南省农科院蔬菜研究所育成的一代杂种。中熟。株高75厘米，开展度89厘米，生长势强。果实细长条形，果长27.7厘米，粗4.3厘米，皮色紫红色，有光泽。肉质细嫩，品质好，单果重150~190克。抗逆性及抗病性均强。一般亩产量3000千克以上。

**马来西亚紫长茄** 海南省农科院瓜菜所从马来西亚引进的杂交一代紫长茄中，经多代定向选育而成。株高100~110厘米，株幅90~100厘米，生长势强。果实粗长条形，一般果长25~30厘米，果径5~6厘米，单果重300克。果皮紫色发亮，果肉细质柔软，品质好。极耐湿热，抗病性较弱。亩产量可超过5000千克。

**三亚紫长茄** 海南三亚的优良地方品种。植株生长势强，一般株高100厘米左右，株幅80~100厘米，果实长条形，匀直；果长23~28厘米，果粗4~5厘米，单果重250克左右。果皮紫红色，有光泽，商品性极好。肉质细软，品质上乘。极耐湿，抗寒性一般，亩产量4500千克左右。

**晚茄1号** 湖南省蔬菜研究所育成的一代杂交品种。晚熟。株高80厘米，开展度85厘米，生长势强。果实粗条形，果长20厘米，粗6.9厘米，外皮紫红色，有光泽。肉质细嫩，品质好，鲜食、干制均可，单果重 280～350 克。耐热，耐肥，抗病性强，结果期长。一般亩产量 3000～3500 千克。适宜长江中下游地区种植。

**特别提示**

长茄品种多数属早熟或中熟品种，植株长势中等，果实细长棒状，长达 30 厘米以上，皮色紫、绿或淡绿，耐湿热，中国南方普遍栽培。其皮薄肉嫩，单株结果多。目前较常用的优良品种有：北京长茄、成都墨茄、龙茄 1 号、齐茄 1 号、长茄 1 号、济南早小长茄、柳条青、紫羊角茄、鲁茄 1 号、中日紫茄、黑秀茄、湘杂 6 号、浙茄 88 白长茄、株茄 1 号、济丰 3 号、济杂晚长茄 7 号、农友长茄、金山长茄、熊岳紫长茄、徐州长茄、红丰紫长茄、杭州红茄、早茄 2 号、中茄 2 号、鄂茄 1 号、三月早茄、济南长茄子、杭茄 2 号、杭茄 3 号、扬茄 1 号、冷江红茄、紫长条茄、宁波藤茄、紫衣天使、秀玉茄子等。

## 18 矮茄变种有哪些代表种?

矮茄类茄子植株低矮，茎叶细小，分枝开张，分枝多，生长势中等或较弱。着果节位低，果实小，多呈卵圆形、卵球形、灯泡形。果皮较厚，种子较多。果皮有紫色、白色和绿色等，大多为早熟种，适于早熟栽培。目前常用的品种有：

**绿罐** 西安天美种苗研究开发有限公司培育的绿茄杂交品种。极早熟。植株长势健壮。门茄着生在植株第 7 片叶，生育期 45 天，果实为高桩长卵圆形，单果重可达 1000 克以上，果色浓绿。坐果量大，采收期长，一般每亩产 5000 千克以上。适宜保护地栽培。

**紫奇** 西安天美种苗研究开发有限公司培育的紫茄杂交一代。

极早熟，6~8 片叶着生门茄，生育期 45 天左右。果皮薄，紫黑色，光泽度好。肉质细嫩，品质好。单果重 200~400 克，长卵圆形。对黄萎病、病毒病和褐纹病等病害抗性强。果实发育速度快，采收期长，每亩产量 5000 千克以上，保护地栽培效益高。

**绿奇** 西安天美种苗研究开发有限公司选育。早熟。第 8 片真叶着生门茄。果大，绿色，匀整美观，单果重可达 1000 克以上。适合我国南北多种气候类型，既可保护地栽培，也可露地生产。早春保护地栽培，生育期 50 天左右，每亩产量 4500 千克。温室越冬栽培，每亩产量可达 10000 千克。

**德州小火茄** 山东德州市地方品种。早熟。生长势中等，株高 75 厘米。第 7 叶着生第 1 果。果实小，扁圆形，果皮深紫红色，果肉细硬，品质好，单果重约 400 克。耐病，适于春早熟栽培。

**鲁茄 1 号** 山东省济南市农科所育成的杂交一代。早熟。生长势稍弱，株形较矮，株高 70~80 厘米。第 6~7 叶着生第 1 果，坐果力强。果实长卵形，果皮黑紫色，油亮美观，果肉嫩软，种子较少，品质优良，单果重 200~250 克。适于春早熟栽培。

**早小长茄** 山东省济南市农科所育成的品种。早熟。生长势中等，株高 70 厘米左右。第 6~7 叶着生第 1 果。果实长灯泡形，果皮油黑美观，肉质细嫩，种子较少，单果重 250~350 克。耐寒，适于春早熟或越冬栽培。

**农尚三号** 西北农林科技大学园艺学院选育的一代杂交品种。早熟。生长势强，株高 90~100 厘米。开张度 90 厘米，嫩叶紫黑色，其后叶片逐渐变绿，叶脉紫色。7~8 节着生门茄，果实长椭圆形，果皮紫色，光亮，密度大或弱光下有少量果实带绿尖，果肉白色微绿，致密细嫩。品质优。平均单果重 350~600 克，一般亩产量 5000~6000 千克。

**西农绿茄 1 号** 西北农林科技大学园艺学院育成的杂交一代。

早熟。长势中等，株高 80～90 厘米，株幅 70 厘米。茎叶均为绿色，叶片较小，叶缘上翘。果实椭圆形，果肉白色。前期发苗快，开花坐果早，果实发育快，中后期每隔 1～2 节坐 1 个果，坐果力强，采果数多。耐冷，对黄萎病抗性较差。宜在栽培绿茄地区进行冬、春塑料日光温室、早熟覆盖及嫁接栽培。栽培中应注意勤采收。

**早罐** 西安天美种苗研究开发有限公司育成的紫茄杂交一代。早熟。株形直立，生长势强，植株在第 7～9 片叶着生门茄，定植后 50 天左右采收。果实高桩，长卵圆形，单果重可达 1000 克。果实皮薄色艳，紫黑透红，光泽度好，且不受温度及采收早晚的影响。果肉洁白细嫩，种子少且仅着生于果实顶部，大部分果肉为纯薄壁组织。耐低温，抗高温，可进行越夏栽培。一般每亩产量可达 5000 千克以上。

**黑宝** 西安天美种苗研究开发有限公司育成的杂交一代。中早熟，生长势强，果皮黑色，光泽度好，卵圆形，硬度中等，单果重 600 克，耐烟草花叶病毒，对褐纹病、绵疫病抗性强。适宜于保护地和露地生产。

**北京灯泡茄** 北京市地方品种。中熟。植株生长势中等，第 10～12 叶着生第 1 果。果实长卵形，长 15～20 厘米，横径 7 厘米左右。果皮黑紫色，有光泽。果肉绿白色，肉质松软，单果重 200 克左右。耐热、抗病、耐涝。适于露地栽培。

**绿抗** 西安天美种苗研究开发有限公司培育的新一代抗病绿茄杂交品种。果形硕大，果皮油绿光亮，平均长 20 厘米，果径 11 厘米以上。单果重 700 克，最大可达 1000 克以上。对黄萎病抗性强，对绵疫病、褐纹病、病毒病也有较强的抗性。适合夏秋茬生产及保护地、露地重茬早熟栽培。

**鲁茄 3 号** 山东省济南市种子公司培育的一代杂交品种。植株长势强，株高 1.4～1.6 米，株幅 1.2 米左右，茎粗壮。主茎第

9～10节着生始花，以后每隔1～3叶节着生1花，果实长卵圆形，紫黑油亮，果长20～25厘米，横径10～12厘米，单果重500～700克。果肉致密，味甜，耐贮运，品质佳。耐热，耐涝，适应性强，抗病性强。亩产量6000千克以上。

**特别提示**

矮茄植株矮小，叶身较小而薄。果实较小，皮色有紫红色、绿色、白色等，果形为卵形或长卵形，长15厘米，直径7厘米，紫红或白色，皮厚，种子多而坚实，籽多皮厚、易老黄、品质软次，凉拌较好。优良品种有长沙的乳白茄、湘早茄、北京灯泡茄、浙江金华白茄、东北、华北的灯泡茄。

## 19 灯泡茄有哪些主要优良品种?

灯泡茄品种多数属早熟种，植株较矮，叶小而薄，果实为卵形至长卵形。种子较多，品质劣，主要有以下几种。

**紫灯泡茄** 辽宁省农业科学院园艺研究所从农家品种提纯复壮而成，具有早熟、高产、抗病的优点。1月下旬温室育苗，分苗2次，4月下旬割坨，促进发根蹲苗。适时定植，合理密植。5月中旬定植，株、行距49.5厘米×59.4厘米，亩栽4750株。在栽培期间加强田间管理。及时打杈摘叶，采收时用剪刀剪切果柄。

**鲁茄3号** 又名济丰3号，系济南市种子公司1994年育成。该品种植株生长势强，株高1.4～1.6米，开展度1.2米左右，主茎第9～10片叶处着生花序，果实卵圆形，果形指数1.8左右，果皮紫黑色，单果重500～600克。为中晚熟品种，定植后55～60天开始采收，采收期达140天以上。该品种耐热、耐涝、耐运输，抗病性、适应性较强，但品质一般。

**湘早茄** 湖南省农业科学院园艺研究所育成。株高约85厘米，开展度 53 厘米，株型较紧凑。第 1 果着生于主茎 6 ~ 8 叶节上方。果实长卵圆形，外皮紫黑色。果肉白绿色，肉质疏松，品质中等，单果重 200 克左右。极早熟，早期坐果率高。适于春季露地早熟栽培，也可作越夏栽培，每亩产 4000 ~ 5000 千克。适于湖南省种植。

**浙茄 75** 果实灯泡形，表皮油绿光亮，商品性好，单果重 450 克。株高 60 厘米，开展度 35 厘米。

**特别提示**

灯泡茄果型长圆，似灯泡，故称“灯泡茄”，果皮黑紫色，有光泽，果柄深紫色，果肉浅绿白色，种子较多，肉质略松；灯泡茄刚结出时，颜色就已经很深了；果体较短而圆，适合腌渍；灯泡茄以凉拌吃较好。

## 20 紫茄有哪些主要优良品种？

紫茄因为果实中富含红色素，成熟时其皮呈紫黑色，故称为紫茄。目前生产上常用的紫茄品种有：

**齐茄 3 号** 齐齐哈尔市蔬菜研究所选育的品种。生长势强，株高 75 ~ 90 厘米，开展度 65 ~ 70 厘米。叶卵圆形，叶色浓绿。茎黑紫色，有绿纹，始花节位 9 ~ 10 节。果实长条形，果尖渐尖，果皮黑紫色，有光泽，标准果长 30 ~ 35 厘米，果粗 5 厘米左右。果肉清白色，果质松软，不易老化，品质优良。种子扁平，圆形，黄色，千粒重 3.5 ~ 4.0 克。平均每亩产 2000 千克。较抗黄萎病，不抗绵疫病、褐纹病。

**长茄 1 号** 吉林省长春市蔬菜研究所选育的品种。株高 90 ~ 100 厘米，开展度 60 厘米左右。茎叶紫绿色，主茎第 8 至 9 节着生第 1 朵花。果实细长有鹰嘴，果长 20 ~ 24 厘米，横径 5 ~ 6 厘米。果实黑紫色，有光泽，肉质嫩，籽小，单果重 150 ~ 250 克。在内蒙古属中晚熟品种，生长期 100 天。喜水肥。耐热，耐低温。抗黄萎病性强，但后期易得绵疫病。耐贮藏。亩产 3000 ~ 3500 千克。

**苏州条茄** 由原中国农业科学院江苏分院园艺研究所育成的一代杂交品种。早熟。株高 60 ~ 70 厘米，开展度 50 ~ 60 厘米。门茄着生于主茎第 8 至 9 叶节上方。果实细长条形，长 20 ~ 30 厘米，横径约 2.5 厘米。外皮黑紫色，有光泽。果肉细软，籽少，品质优良。单果重 120 ~ 150 克。抗性较强。适于春季塑料小拱棚或露地地膜覆盖早熟栽培。每亩产 2000 千克。

**紫线茄** 湖北省武汉市地方品种，当地又称为鳝鱼头。早中熟。株高 60 ~ 70 厘米，开展度 60 厘米左右。门茄着生于主茎第 6 ~ 7 叶节上方。果实长条形，长 20 ~ 26 厘米，横径 4 ~ 5 厘米，顶部稍粗，顶端略尖。外皮紫色，光滑，肉质松而柔嫩。单果重 100 ~ 150 克。较耐老，久雨多湿时易染绵疫病。每亩产 2000 千克左右。适于湖北省春季露地栽培。

**济南长大茄** 济南市地方品种。植株高大，生长旺盛，高度在 1 米以上。第 9 节着生第 1 花。果实长卵圆形，长 20 厘米，横径 8 ~ 10 厘米，果皮黑紫色，有光泽，果肉白色，肉质疏松，品质好，单果重 400 ~ 500 克。该品种中熟，适于露地栽培。

**鲁茄 3 号** 又名济丰 3 号，植株长势强，茎粗壮。主茎第 9 ~ 10 节始花，果实长卵圆形，紫黑油亮，果长 20 ~ 25 厘米，横径 10 ~ 12 厘米，单果重 500 ~ 700 克。果肉致密、味甜，耐贮运，品质佳。耐热耐涝，适应性、抗病性强。亩产 6000 千克以上。

**玫茄 1 号** 福建省农业科学院选配的一代杂交品种，1998 年通过福建省农作物品种审定委员会审定。植株生长势强，株高 64.4 厘米，开展度 81.4 厘米，分枝性强。茎绿紫色，叶片绿色带紫晕。果形细长稍弯，果长 30 ~ 33 厘米，果径 4 厘米。果皮紫红色，着色均匀光亮。单果重180克。果肉乳白色，肉质细嫩，商品性好。较抗绵疫病。早熟种。每亩产2000~3000千克。延后栽培产量较高。适宜于福建、浙江、江西、广东等省露地种植。

**特别提示**

生产上还有9318长茄、苏崎茄、黑秀茄、湘早茄、蓉杂茄1号、吉茄2号、齐东紫茄、紫光大圆茄、郑州早紫茄、丰宝紫红茄、紫罐茄、快圆茄、紫长茄3号、西安紫圆茄、黑快茄、黑又亮、京茄15号、超极限新一代长茄、黑旋风紫长茄、罗兰紫茄等等许多紫茄品种等。

## 21 绿茄有哪些主要优良品种？（视频4）

目前生产上常用的绿茄品种有：

**沈茄2号** 沈阳市农业科学院选育。植株生长势强，株高65厘米，开展度50厘米，茎秆粗壮、绿色，第9片叶着生第1朵花，花瓣紫色。果实椭圆形，果皮油绿色，果肉白色，商品性好，单果重200克左右。较抗黄萎病。生育期115天，属早熟品种。一般每亩产3500千克左右。适宜喜食绿茄地区进行栽培。

**绿罐茄** 极早熟绿茄杂交品种，适合保护地栽培。极早熟，前期产量高，植株在第7片真叶着生门茄，生育期45天。果实为高桩长卵圆形，单果重可达1000克以上，果色浓绿。保护地栽培效益高。植株长势健壮，坐果量大，采收期长。一般每亩产5000千克以上。

**绿抗茄** 西安市蔬菜研究所选配的一代杂交品种。早熟种，生育期55天。植株生长势强。门茄着生在第9节上。果实卵圆形，长25厘米，直径15厘米。单果重1000克以上。果皮嫩绿色，商品性好。较抗黄萎病、褐纹病和病毒病。低温下生长速度快，也耐高温。耐运输。适宜保护地及露地栽培。

**群兴绿茄** 早熟品种，株高约 60 ~ 70 厘米，6 ~ 8 叶结第 1 果，果卵圆形，单果重 300 ~ 600 克，浅绿色，肉质疏松，品质上乘。每亩产 3500 ~ 5000 千克。适于日光温室越冬、春露地及春覆盖栽培。

**农城绿茄 1 号** 西北农林科技大学选育的早熟杂交绿茄品种，比西安绿茄早收 3 ~ 5 天。长势中等，株高 80 ~ 90 厘米，株幅 70 厘米。耐冷，对黄萎病抗性较差，但优于西安绿茄。茎叶均为绿色，叶片较小，叶缘上翘。果实椭圆形，质地及性状与西安绿茄基本相同，果肉白色，单果重 180 ~ 230 克。早熟性及丰产性极为突出。平均每亩产 5000 ~ 5800 千克。

**东亚绿茄** 辽宁东亚农业发展有限公司培育。该品种中熟，生育期 110 ~ 120 天。株型紧凑，茎叶绿色，叶片肥大。茎粗约 1.8 厘米，主茎第 7 ~ 8 节着生第 1 朵花。果实长椭圆形，横径约 12 厘米，纵径约 14 ~ 15 厘米，单果重 300 ~ 500 克。商品成熟时果皮呈油绿色，有光泽，果肉白、细嫩。长势强，喜肥水，较抗黄萎病、绵疫病。适于温室、大中小棚及露地栽培。每亩产量可达 5000 千克以上。

**绿茄霸** 大连广大种子有限公司为大棚早熟栽培特别选育的品种。长茄，棒状，绿色光亮，品质好，抗病能力强。耐低温。节间短，结果集中，连续结果能力强。茄长 20 厘米左右，粗 6 ~ 8 厘米，平均单果重 240 克左右，平均每亩产 5000 千克左右，最高产量可达 12000 千克。是冬春季生产抢早上市的最好品种之一。

**绿萃 1 号** 西安市添桥种苗有限公司培育的杂交一代早熟品种。7 ~ 8 节着生门茄，株高约 70 ~ 75 厘米，开展度 65 厘米，果实椭圆形，鲜绿色，有明亮光泽，肉质细嫩，风味佳，单果重 400 克左右，亩产达 7000 ~ 10000 千克。较抗黄萎病、枯萎病，耐绵疫病，适合早春保护地和春露地栽培。

**绿茄1号** 中早熟品种，从播种到始收110天左右；果实长椭圆形，果皮油绿，有光泽，单果均重300~350克，每亩产5000千克；抗黄萎病和绵疫病，适宜春秋露地栽培和大棚栽培。

**西安绿茄** 西安地方品种。植株生长势较强，门茄着生在7~8节上方。果实卵圆形，果皮油绿色，光泽好，在温室内栽培着色好。果皮较厚，果肉色白，较紧密，耐运输。单果重300~400克，丰产性较好。抗病性一般，较耐低温，是中早熟品种。我国北方保护地绿茄栽培区栽培较多。

**西安绿油茄** 早熟品种，株高60~70厘米，一般6~7叶着生第1果，果实卵圆形，油绿色，有光泽，肉质松软适中，品质上等，单果重300~400克。丰产性好，抗病耐寒，适应性强亩产4000~6000千克。既适合露地种植，也适合日光温室及塑料大棚栽培，是目前北方保护地早熟高效栽培的首选品种。

**绿宝石** 早熟品种，高抗枯萎病。较耐低温，生长势强健，株高55厘米以上，茎叶均为绿色，叶椭圆形，7~8节开始结果，果实大灯泡形，皮鲜绿有光泽，肉白色细嫩，单果重500~800克，最大可达1500克，商品性好，每亩产量最高可达8000千克以上，用其作接穗，秋冬日光温室产量可达15000千克。适宜露地早熟栽培，亦可在保护地栽培。

**青秀茄子** 广东省农业科学院蔬菜研究所选育的新品种。果实呈棒状，果长30厘米，横径4厘米。单果重150~250克。果皮青绿色，品质好。早熟种，定植至初收约45天。单株结果多。每亩产2000千克。适宜华南地区露地栽培。

**特别提示**

生产上常用的绿茄优良品种还有辽茄1号、辽茄2号、豫茄1号、星光绿茄、秦皇绿茄、棒绿茄、真绿茄、辽茄5号、绿茄3号、群兴绿茄、平茄1号等。

## 22 白茄有哪些主要优良品种?

目前生产上常用的白茄品种有:

**白玉** 高约95厘米，主茎青色，开白花。果实长棍棒状，果长约24厘米，横径5.5厘米，单果重约250克，果皮白色，肉质嫩滑，清甜可口，品质优。亩产约4000千克。

**白茄1号** 茄子品种中的极品。商品性极佳，果实长椭圆形，单果重200~250克；果皮洁白，果萼绿色，干净漂亮，不易老化；果肉白色，极细腻，均匀一致，干物质含量高，风味品质好；中早熟，从播种到果实始收110天左右，产量高，每亩产量可达5000千克以上；较耐黄萎病，适宜露地栽培。

**白蛋茄** 白色浆果，鸡蛋形，果径3.5~7厘米，高30厘米，播种到开花结果85天。春播为主，可全年播种，播种后5~8天发芽，盆栽观果，果实入药。是极好的观果新品种。

**东光白茄** 河北省农林科学院蔬菜研究所培育。1月份阳畦或日光温室育苗，3月分苗，4月下旬或5月初定植(也可晚播育苗作麦茬栽培)。行距80厘米，株距50厘米。封垄前要培土，防涝，防倒伏。基肥要施足，结果后期要注意水肥管理，每采收一次应浇水一次，并进行追肥。每亩产量4000千克以上。

**邯郸大白茄** 河北省农林科学院蔬菜研究所培育。以春播栽培为主，1月上中旬阳畦或温室育苗，3月上中旬分苗，4月下旬定植。行距80厘米，株距45~55厘米。6月底开始收获，每亩产量4700千克左右，高产者达7500千克。

**浙茄86** 中熟品种，株高75厘米，开展度40厘米×35厘米，果实白色，卵形，单果重150克，较抗绵疫病。

**浙茄88** 早熟、耐弱光，果实乳白色，光泽好，果长20~25厘米，果粗3.0~4.0厘米，品质佳，单果重150克，每亩产4000千克。

**特别提示**

白茄又名银茄，品质较青茄为优，荷兰白茄、星光白茄、金华白茄、袖珍白茄等都是优良的代表种；白茄品种在山西省有种植，优良品种如长治九叶、晋城大红袍等。白茄根可用于制作药酒。把白茄子折断，用它的断面来直接涂抹患处，可治疗白癜风。

## 23 观赏茄有哪些代表种？

近年来，国际上流行观赏蔬菜，国内刚刚起步，尚为稀特品种。观赏茄作为观赏蔬菜的一种，可春节观果、切花或用碟盛摆于桌上，甚至盆栽于室内用作观赏，因其聚五彩缤纷的色彩于一身，集食用和观赏于一体，婀娜多姿，相映生辉，惹人喜爱，不仅是中高档宴席上的美味佳肴，更是深具潜力的观赏佳品，给人带来一种新奇的乐趣，深受人们的喜爱。

**金银茄**　金银茄是食用茄的变异，可盆栽也可地栽，果实可食，颜色由于坐果和成熟时间不同，有的洁白如银、有的金光灿灿，所以命名金银茄，亦称彩色迷你茄、金银果、变色茄、彩色茄、弹丸茄、樱桃茄、袖珍茄、迷你型小茄子等。金银茄果实呈长椭圆形，黄白相间，如金似银，被人们视为吉祥发财的好兆。幼果洁白如银，表面光滑，形同雀蛋，玲珑可爱。当果实接近成熟之际，果面金光灿烂。

**东方白果**　植株矮小，生长势强，株高40~50厘米，植株绿色，早熟性好，较抗病。开花早，坐果率高，每个花序可结2~4个果。果实白色，老熟时转成金黄色，观赏性强。

**美洲红茄**　原产南美巴西、秘鲁等地，是茄科的一个野生变种，但并非蔬菜用的茄子，无食用价值。茄果个小、圆球形、火红色，果面光滑明亮、色泽艳丽，结果量多，繁果累累悬挂一树，玲珑可爱，阳光下闪耀夺目，颇有观赏价值。种植简便，很快流传到各地。

**橘红1号** 山东省济宁农业学校经过多年培育成功的一种可美化居室环境、集观赏和食用于一体的茄子新品种。植株为无限生长型，分枝力强，枝叶浓绿。通过修剪，一次栽培可多年观赏食用。花为淡紫色，雄蕊黄色，总状花序，每花序着生5～10朵小花，果实椭圆形，直径3～4厘米，长6～10厘米，绿色，约2个月左右转为橘红色，红果挂果期可长达3个月以上，一年四季可连续结果，根据不同栽培时间及不同栽培方法，单株结果在40～100个以上。育苗苗龄一般2个月，无霜地区或保护地可全年栽培。食用只能是未转色前的嫩果。

**乳茄** 别名多头茄、五指茄、乳香茄，俗称“黄金果”、“五代同堂”，为茄科茄属的一年或多年生小灌木，株高1～1.5米，自然分枝少，叶互生，阔卵形，茎叶均被绒毛，花青紫色，花期6～12月陆续开放，果实随成熟期由绿色转为光亮的金黄色，圆锥形，基部有3～5个乳头状的突起，种子褐色，呈扁平状。观果期由7月至次年2月，挂果期长，是冬春季，特别是春节期间的观果佳品。

**艳茄** 也称艳果、瓜茄、香艳梨，是近几年新引进我国的蔬菜，茄科茄属多年生草本植物。艳茄根系发达，株高1米左右，分枝性特强。聚散花序，花冠紫色。浆果，椭圆形、卵圆形或长卵圆形，也有长桃形者。单果重200～500克。嫩果绿色或黄绿色，间有紫色条纹，成熟时黄白、乳白色，有深紫色条纹。大型果中心部有空洞。果实品质较好。成熟果实清香、甜美，有厚皮甜瓜和洋梨的混合香味，可做水果生食，还可以做蔬菜凉拌、做汤、与肉、蛋一起炒食，也能加工成果酱、果汁、罐头等。艳茄能生长多年，结果期长，适宜居室阳台盆栽或庭院种植。果实色彩艳丽，除食用外还可供观赏。将成熟的果实垂吊于花盆边缘，散发出阵阵清香，令人心旷神怡。

**彩茄1号** 山东菏泽群策科技园蔬菜基地培育。既可当作美化居室环境的盆景栽培，也可作为庭院绿化遮荫的观赏茄树种植。植株枝叶茂盛，叶色浓绿，通过修剪，可多年观赏。花瓣为淡紫色，黄色雄蕊，总状花序，每个花序着生5～10个小花，果实直径3～4厘米，长6～10厘米，嫩果浅绿色，约1个月左右转为橘红色，挂果期可长达3个月以上，单株结果可在100个以上。

**特别提示**

观赏茄一般属于观果观花类，如五角茄、观赏茄、乳茄、金果茄、金银茄、观赏蛋茄、小丸茄子等，表皮颜色有紫黑、白、紫红、大红等，有的品种果色初为银白，成熟后逐渐转为金黄，因此整株看起来似悬金挂银。果实形状有鸡蛋形、五指形、圆球形等。

## 24 茄子品种如何选择和搭配？

进行茄子的高产高效栽培时，首先要考虑选择和搭配合适的品种。在选择和搭配合适的品种时要综合考虑如下几个因素：

首先，应考虑当地的消费习惯。茄子在我国有广泛的分布，但各地对茄子的消费需求相差比较大，如长江流域多为长茄类型，要求果皮紫红色，华北一带多为圆茄类型，广东人喜欢红茄，四川、云南人喜欢黑茄，北京人喜欢圆茄，西北市场偏爱绿茄。因此，在选择品种时，必须考虑到当地的消费习惯。

其次，要考虑栽培设施及栽培季节。保护地设施栽培宜用早熟、耐寒品种。露地栽培应选择结果性、商品性好的品种。夏季栽培和秋季栽培要选择抗热性和再生能力强、品质好的品种。

第3，要考虑当地的气候条件。尽管茄子属于喜温、较耐热、对光周期不敏感的类型，但各品种对环境条件，特别是气候条件的要求存在一定的差异。因此，在选择品种时，应注意到品种的特点及当地的气候条件。

**特别提示**

在选择品种时，也要明确是鲜食还是加工用。加工用者宜选用果实小、组织致密、产量高、中晚熟而不宜鲜食的品种。鲜食品种应考虑果形整齐、色泽鲜艳、肉质细嫩、风味好的品种。

# 茄子种子处理

> 茄子的种子扁平，呈肾形，颜色为赤黑色或黄色，有光泽。种皮有细纹而无毛。陈种或采种时未洗干净的种子呈淡褐色，失去光泽。种子的长度3.1～3.7毫米、宽度2.6～3.1毫米、厚度0.8～1.1毫米，千粒重4～5克，即每克种子200～250粒。茄子的种子由种皮、胚乳和胚组成，充满着蛋白质和脂肪。蛋白质和脂肪是种子萌发和出土时所需养分及能量的来源。

## 25 茄子的种子在生理上有什么特点?

茄子种子的发育比果实发育迟，果实在商品成熟期采收时，种皮仍十分柔软，并不影响食用。一般在开花后60天左右，当果实达到生理成熟(老熟)时，种皮才逐渐硬化，胚乳和胚发育完全，种子千粒重已趋稳定，并且具备了良好的发芽力和发芽势。

由于茄子的种皮为革质，厚而坚硬，有蜡质层，不易吸水透气，并且种子在浸种催芽时表面会产生黏液，从而阻碍种子的萌发。因此茄子种子发芽比辣椒、番茄等种子困难一些。此外，因种子在采收后有几周时间的轻度休眠，若采收后马上播种，发芽率往往较低。并且，如果在恒温条件下催芽，种子发芽率往往也不高。

茄子种子的生命力很强，在室温下只要种子干燥，保持发芽能力的年限为5年，但生产上的使用年限为2年，陈种子的发芽率较低，尤其是发芽势低，播种时常常出苗不齐，容易出现大小苗现象。所以生产上要尽量采用新种子，但也要注意不能使用尚未度过休眠期的种子。

## 26 怎样辨别茄子种子质量的好坏?

茄子种子的质量主要取决于种子净度、饱满度、发芽率、发芽势和种子纯度。

**种子净度** 检验种子净度的方法比较简单，随机抽取一定重量的种子样品，将其中的沙、土、枝叶、瘪籽，以及其他作物的种子等杂质分离出来，然后称重。茄子种子的净度要求达到97%以上。

**饱满度** 也就是种子的饱满程度。一般用千粒重来表示，即1000粒种子的质量(克)。测定时，可随机数取1000粒种子称重，即可获得千粒重。千粒重越大，说明种子越饱满、越充实。茄子种子的平均千粒重为5.25克左右。

**发芽率** 指样本种子中可发芽种子的百分数。由于对于某种作物而言，当发芽天数延长到一定时间后，还未发芽的种子以后一般不会再发芽。所以，在实际测定种子发芽率时一般也规定一定的发芽天数。茄子种子发芽率测定规定时间为14天。测定发芽率可将种子置于培养皿、瓷盘、纱布包或毛巾包中进行。发芽过程中要保持一定的温度(30℃或30℃/20℃变温)、水分、光照、氧气等条件。茄子种子的发芽率要求达到80%以上。

**发芽势** 指规定天数内发芽种子占供试种子的百分数。它是种子发芽速度、整齐度和发芽集中程度的量化指标。茄子种子发芽势测定规定的天数为7天。茄子种子的发芽势要求达到70%

以上。

**种子纯度** 茄子种子的纯度要求达到95%以上。种子纯度的检验一般采取田间鉴定的方法。每个品种都有其自己的形态特征。待种子出苗以后，或进入开花结果期时，在田间随机数取一定数量的植株，按品种的形态特征，对其进行感官鉴定，记下符合和不符合本品种特征的株数计算品种纯度。

## 27 影响茄子种子发芽力的主要因素有哪些?

优良的种子是取得高产高效的前提条件。衡量种子质量的一个重要指标是种子的发芽力。种子只有发芽齐、出芽快，具有较高的种子活力，才能保证苗齐、苗壮，有利于田间管理。

在茄果类蔬菜中，茄子种子发芽较为困难，一般播种后8~12天才出苗，15天左右苗才能出齐，这就使得生产上经常出现了大小苗现象，影响了茄苗的质量，造成这一现象的原因较为复杂，但其中两个主要因素是种子的成熟度和种子本身的休眠特性问题。

成熟度是决定种子发芽力的内在因素。种子只有达到一定成熟度，胚才能充分发育，营养物质才能充分积累，为种子发芽打下丰富的物质基础。当温度、水分、氧气等外界条件适宜时，种子才会萌发。成熟度不够，种子则不会萌发，或者萌发较慢且苗弱，不利于成苗。茄子从授粉到采种需要经历很长一段时间，且需后熟，如提前采种，则种子的成熟度不够。

蔬菜种子普遍存在休眠现象。在茄科蔬菜中，对番茄种子的休眠研究较多，茄子、辣椒的报道较少。茄子种子的休眠特性是影响种子发芽率的重要原因。番茄、辣椒种子有浅休眠性，自然条件下2~3个月即可解除。而茄子种子的休眠则较长。当种子还没有解除休眠时，就表现为芽率低，出芽缓慢，降低了种子质量。

**特别提示**

据报道，辽宁省目前推广的6个月常用品种中，辽茄一号种子休眠期为6个月，辽茄5号休眠期为12个月，沈茄1、2号及辽茄4号休眠期较浅，为2个月。另据报道七叶茄、九叶茄也具有很深的休眠性。

## 28 有哪些办法可以提高种子活力?

导致种子休眠的原因一般认为是茄子种皮厚，表面有黏液，致使种皮透水、透气性差，影响了萌发。同时，茄子种子中含有发芽抑制物质，从而抑制了发芽。应采取一些物理和化学方法打破种子休眠。

物理方法主要有变温处理、干热处理、温汤浸种、常规浸种、间歇浸种等，普遍认为变温处理的效果最佳。

植物激素和生长调节济处理种子也可以不同程度地提高种子活力，这类物质有生长素、萘乙酸、赤霉素、乙烯利、ABT生根粉等。用它们处理种子，使种子内部激素含量增加，激发了酶的活性，使种子从休眠状态迅速变为萌发状态，提高了出芽力，使种子萌发整齐一致。在各种激素和生长调节剂中，赤霉素处理种子效果最佳，且价格相对便宜，操作简单易行，且有良好的应用推广前景。

**特别提示**

茄子种子发芽力较低的问题在生产中比较常见，虽然国内外对其已有一定的研究，但还缺乏深度和广度，不能满足实际的需要，茄子种子的发芽特性和发芽技术，以及现有方法如药剂、激素处理对后期的影响，以及寻找更加简便易行、经济实惠的处理方法等许多问题还有待于进一步研究。

## 29 茄子播种前种子处理方法有哪些?

茄子播种前种子处理方法很多，主要有浸种、催芽、药剂处理、消毒处理、种子包衣、胚芽锻炼等。浸种因要求达到的目的不同，而有普通浸种、温汤浸种、间歇式浸种等；药剂处理有药剂浸种、药剂拌种等，多以种子消毒为目的，也有的是为了补充营养和壮苗等；消毒处理有高温消毒、药剂消毒、射线消毒等，高温消毒又有湿热消毒(如温汤浸种和热水烫种，即利用高温水进行种子消毒)和干热消毒(即利用高温干燥的空气进行种子消毒)。

**特别提示**

不同的种子处理方法可以达到不同的目的，有的种子处理方法可以有多种目的。在一个地区，茄子种子播种前处理方法的选择，应该根据生产季节、播种育苗条件、种子质量等具体选用。

## 30 播种前如何用药剂处理种子?(视频5)

药剂浸种就是用一定浓度的药液浸泡种子一定时间，因所用药剂的不同，可以达到不同的目的。

浸种的药液必须是溶液或乳浊液，不能用悬浊液。药液浓度和浸泡时间必须严格掌握，以免产生药害。常用的药剂浸种方法是：用50%多菌灵1000倍液浸泡种了20分钟，或用100倍福尔马林溶液浸泡种子10分钟，可以杀灭种子携带的病菌；或用10%磷酸三钠浸泡种子20分钟，或用0.2%高锰酸钾浸泡种子10分钟，可以钝化种子携带的病毒，药剂浸种时要使药液浸过种子5~10厘米，以便充分浸润种子。浸种后捞出种子，应反复用清水冲洗，并搓掉种子表面的黏液，然后进行催芽或播种。

药剂拌种是用较高浓度的药剂与干燥种子进行混拌或者用药粉与浸种后的湿种子进行混拌，将药剂或药粉均匀地粘附到种子的表面上，对种子周围的土壤病菌有较好的杀灭作用，药效较长。另外，该法对干种子处理的时间也较为灵活，可用于种子采种后，也可用于种子贮藏期间或播种前，较适合对大批量的种子进行处理。所需药剂的用量一般为种子重量的0.1%～0.4%，由于药剂用量少不易拌匀，故可加入适量的中性石膏粉、滑石粉或干细土，先将药剂分散，再将种子与之混合，这样比较容易将药剂均匀地附着在种皮上。常用的药剂有70%敌克松可湿性粉剂、50%多菌灵可湿性粉剂、40%拌种双可湿性粉剂、25%甲霜灵可湿性粉剂等。

**特别提示**

茄子种子消毒主要是对种子上携带的病菌及虫卵等进行灭杀，避免或减少苗期病虫危害。茄子种子消毒的方法有物理消毒法、化学消毒法等。物理消毒包括干热、湿热、紫外射线等方法，化学消毒包括药剂浸种、药剂拌种、消毒剂包衣等方法。目前生产中应用的物理消毒方法主要是温汤浸种和热水烫种，常用的化学消毒方法是药剂浸种。

## 31 用赤霉素浸泡茄子种子有什么好处？怎样浸泡？

茄子种子播前赤霉素浸种有以下作用：

一是打破种子休眠，促进种子发芽。刚采收的茄子种子往往处于深度休眠状态，即使给以变温处理条件，发芽也明显不良，发芽断续而不整齐，发芽持续的天数也增多；另外，由于种子的成熟度以及饱满度不一致，同一批种子的发芽先后时间也往往差异比较大，常造成茄子种子发芽不整齐。用赤霉素浸种能够有效地打破种子的休眠，促进种子整齐发芽，从而提高种子的发芽率和发芽势，提早发芽，一般可使种子的发芽期缩短1~2天。

二是促进幼苗生长。用赤霉素处理过的种子播种，幼苗生长速度快，能够有效地解决茄苗生长缓慢、育苗期长等问题。

三是降低落花率，提高产量。用赤霉素处理过的种子播种，茄苗长势强，发叶早，叶面积大，光合效率高，营养充足，花芽的质量也比较高，优质花率增多，坐果率高，落花少，一般落花率减少4%~5%。同时增产明显，一般可增加产量5%~17%。

茄子赤霉素浸种一般采取低浓度、长时间的浸种方法。即用50~100微升/升浓度的赤霉素溶液在恒温条件下浸种12小时，捞出种子后再进行催芽。赤霉素的浓度不可过高，更不可用高浓度的赤霉素进行长时间浸种，否则会引起茄苗徒长。

**特别提示**

由于茄子种皮较厚，有蜡质，用赤霉素水溶液浸种需时间长，且效果不理想。若用丙酮作为溶剂，配成赤霉素溶液浸种，可以加速赤霉素渗入种子内部，其效果更好。

## 32 种子包衣剂有哪些类型？

按照适用对象分，种子包衣剂一般有通用型和专用型之分。通用型种子包衣剂一般适用品种广泛，针对解决一般品种普遍存在的问题，适用面广，但解决问题的程度一般；专用型种子包衣剂一般针对某类或某个品种的特性和种子发芽、幼苗生长特点而研制，针对性地解决其生产问题，效果突出，但适用面窄。

按照主要功能分，种子包衣剂有防止芽期和苗期病虫害的，有壮苗提高秧苗素质的，有增强芽苗抗逆境能力的，也有兼防病虫、提高秧苗素质和抗逆境能力的。

茄子种子包衣首先要选择适宜的种衣剂。种衣剂一般根据茄子品种特性、种子携带病菌情况、种子发芽和幼苗生长特点、育苗地区、育苗季节、育苗条件等的因素选择。对于种子携带病虫害较多、苗期病虫害严重的，应选择以防病虫害为主的种衣剂；对于发芽困难，发芽不整齐，幼苗生长细弱的，应选促进发芽、提高芽苗质量为主的种衣剂；对于逆境下育苗，或育苗条件差的，应选择以提高芽苗抗逆境能力为主的种衣剂。

**特别提示**

种子包衣技术是近年来研制和应用于种子加工的一种新的种子处理技术，就是用适宜的种衣剂按比例均匀包衣于种子表面，并在种子表面形成粘着牢固而可以在种子萌发时和幼苗生长期缓慢释放的药膜。

## 33 茄子种子包衣时应注意哪些问题？

首先，正确认识不同型号种衣剂的主要作用，了解当地主要病虫害及发生情况，对症用药，最大限度地发挥种衣剂使用效果。

其次，把好种衣剂的质量关。检查种衣剂有效成分含量和配套助剂是否符合要求。此外，要检查种衣剂的成膜性，是否在20分钟内成膜，不脱落，不粘连。还要检查药剂的稳定性和贮藏期。

第三，使用前一定要将种衣剂摇匀，消除沉淀。如因温度低难消除沉淀，可将种衣剂桶放在30～40℃水中加温化解。

种子包衣前必须精选加工，包衣种子发芽率要超过国标。包衣前要使种子内的水分晾晒到12.5%以下，因包衣后不宜晾晒，保证包衣后种子水分不超过13%，方能安全贮存。

**特别提示**

包衣用药量必须在种衣剂使用说明规定的范围内，不能超量，也不能药量不足，要保证每粒种子都均匀而牢固地附有一层药膜。种衣剂所含农药为高毒型农药，在运输、销售过程中要注意安全，要有专人负责，要有明显的警戒色和标识记号，一定要保证人畜安全。

## 34 茄子种子如何催芽?

茄子催芽是指将茄子种子放置在适宜的温度、湿度、氧气等条件下，培养种子发芽的过程。常用的催芽方法有：

**恒温箱或催芽箱催芽** 先把种子装入纱布袋中，再把纱布袋放在催芽盘中，最后放入温箱中。这是目前比较理想的催芽方法，其温度、光照、变温处理都可自动控制。

**常规催芽** 将经过浸泡的种子，先在清水中搓洗，捞出后，沥干水分，然后用保水、透气性好的毛巾、纱布或麻袋片裹好。然后，将种子包放置在28～30℃的环境条件下。一般经过5～6天即可发芽。

**锯末催芽** 为改善催芽温度、空气湿度条件，用锯末催芽效果较好。方法是，先在木箱内装10～12厘米厚、经过蒸煮消毒的新鲜锯末，洒上水，待水渗下后，用粗纱布袋装半袋种子，平摊在锯末上，种子厚度以1.5～2厘米左右为宜，然后在上面盖3厘米厚经过蒸煮的湿锯末，将木箱放在火道或火墙附近或火炕上，保持适宜温度。这种方法在催芽过程中，不需要经常翻动种子，发芽快且整齐，在适温下4～5天即可发芽。

**热炕催芽** 在北方地区利用室内热炕催芽是一种很简便的方法。将处理好的种子倒入洁净的瓦盆内（盆底垫上干净毛巾或纱布），种子上面覆盖一层潮湿干净的毛巾或纱布，放到热炕上催芽。利用热炕催芽，盆下要垫木条或高粱秆，以缓和炕上的热力。盆的上面再覆盖一层麻袋或棉毯，保持温度。

**低温催芽** 浸种结束后将种子置于4℃左右环境中2～4小时，再取出升至室温，然后又置于4℃左右的环境中。反复几次后装入湿麻袋，置于25～30℃高温下，出芽又快又齐。

**变温催芽** 浸种结束后将种子每天分别在28～30℃温度下放置12～18小时，在16～18℃温度条件下放置6～12小时，直至出芽。

**特别提示**

由于茄子种子出芽对于温度、湿度、透气性等条件要求较严格，如果将处理过的种子直接进行播种，往往造成种子在苗床上发芽和拱土困难。种子经催芽后，再进行播种，则可以加速种子出土过程，提高发芽率和发芽整齐度。

## 35 茄子浸种有何要求？（视频6）

茄子种子表面有致密的蜡质，吸水透气性差，吸水慢，种子发芽较困难，并且种子传播病菌也比较严重。播种前进行浸种处理，基本要求是使种子吸水膨胀，以便启动内部的物质代谢；同时使种皮软化、发芽孔松弛，以便胚根萌发。

茄子普通浸种即用常温水进行浸种。做好普通浸种最关键的是掌握好浸种时间，其次是注意水量。茄子普通浸种的时间一般较长，约为8～12小时。浸种时间过短，种子可能未吸足水分，则催芽时种子继续补充吸水膨胀，因而发芽延迟；浸种时间如果过长，则种子内细胞膜易受到损伤，种子内营养物质外渗，影响种子活力。浸种水量一般应为种子量的3～5倍，以便充分浸润种子。浸种时间与种子成熟度、表面蜡质厚度等有关，浸种初期，种子倒入水中后应使水尽快浸润种子，同时用手反复搓洗种子，洗去种子表面的黏液。搓洗种子后，如果浸种水过于浑浊，应换清水，然后继续浸种。浸种结束后，捞出种子并用清水冲洗干净，然后催芽。

**特别提示**

包衣的种子一般无需浸种，或用少量水(浸没种子即可)浸种。浸种过程中也不要搓洗种子，以免去除了种衣而影响包衣效果。

## 36 茄子在播种前应如何催芽?（视频7）

将经过浸泡的种子先在清水中搓洗，捞出后，沥干水分，然后用保水、透气性好的毛巾、纱布或麻袋片裹好。然后，将种子包放置在28～30℃的环境条件下。一般经过5～6天后，当有50%的种子刚刚露白时即可用于播种。当温度不够时，发芽需要的时间延长；温度过高时，虽然种子的发芽速度加快，发芽需要的时间缩短，但种芽较细弱，不容易培育成壮苗，一般催芽期间的最高温度应不超过35℃，保持包内种子疏松，种皮湿润，透气性良好。种皮带水过多或附着的黏性物过多，透气性不良，容易引起烂种，一般要求每隔10～12小时用新鲜的温水投洗种子一遍，洗去种子表面上的黏液，然后晾去种皮上多余的水分或用干布擦干种皮上的水珠，包起种子继续发芽。

**特别提示**

在没有发芽设施，又没有加热能源的情况下，用人体的温度代替能源，不失为一种简便易行的方法。

## 37 什么是温汤浸种？怎样进行温汤浸种？（视频 8）

温汤浸种就是先用温热水烫漂种子，然后再用常温水浸种。所以，温汤浸种包括两个阶段：第 1 阶段是温烫，即用温度较高的温水热烫种子，具有种子消毒的作用，可以杀死种子表面病原物和害虫；并且有通过热胀冷缩增加种皮透气透水性、促进种子萌发的作用。第 2 阶段是浸种，即与普通浸种一样，用降至室温的常温水浸泡种子，使种子吸水膨胀。

茄子温汤浸种的具体方法是：先准备种子量 3～5 倍的 55～60℃温水，并准备少量热水。然后将种子倒入温水容器中，立即搅拌使种子充分湿润，如果水温降低，应补充热水，使水温保持在要求的恒温条件，在此温度下浸泡种子 15 分钟，期间边浸边搅拌。15 分钟后，继续搅拌，使水温自然降至 37℃时停止搅拌，继续浸种 8～10 小时。浸种过程中，用手反复搓洗种子，洗去种子表面的黏液；必要时换用清水浸种。浸种结束后，捞出种子并用清水冲洗干净，然后催芽。

**特别提示**

温汤浸种的两个阶段中，温烫最为关键，技术性也最强，一般要把握好 3 个技术要点。首先要掌握好水温，水温以种子带菌的多少和可能病菌种类确定。带菌多的，带有较耐高温的病菌时，水温要高；反之，则水温可低。其次是水量，应为种子量的 3～5 倍，以保证充分浸润种子，并能维持水温的相对稳定。第 3 是烫种时间，原则上与温度结合，应能达到充分消毒种子的目的。所以，种子带菌多的、病菌耐高温能力强的，温烫温度应偏高，时间应较长；反之，温烫温度应较低，时间应较短。

## 38 茄子如何进行间歇式浸种?

茄子的种皮是一种很厚的革质角质层，并附着很多果胶物质，水分和氧气很难进入，而茄子发芽时对氧较为敏感，如果水分过多，种子吸水过度，使种皮更加密致，氧气就难以透过，从而造成种子内部缺氧，延迟发芽时间，发芽势也显著降低。

为了缩短茄子的催芽时间，提高发芽势，改连续浸种为间歇性浸种，改55℃热水烫种为75℃高温烫种，取得了十分理想的效果。由于该技术实用性强，操作简便易行，因此很受菜农欢迎，现将操作技术总结如下，供参考应用。

种子处理先将种子除净杂质，用25℃温水浸泡30分钟，然后多次搓洗，除去附在种皮上的果胶物质，清洗干净后进行烫种。

高温烫种先用少许凉水浸润处理好的种子，然后加入90℃左右的热水，使水温达到75℃，并保持5分钟(温度降低时要补加热水)，要边倒热水边迅速搅动，避免烫伤种子，直至水温降至30℃，置于温室中继续浸种。高温烫种可使种皮迅速软化，裂纹增加，促进胚细胞的呼吸作用。

间歇性浸种先将种子浸泡8小时(含搓洗烫种时间)，然后控干，在纱布上摊晾8～12小时，再浸泡4～6小时，然后再次摊晾8～12小时，至手摸湿爽不黏为准，方可进行催芽。这一过程使水分缓慢渗入种子内部，防止种皮吸水过度而影响透气性，能充分满足种子发芽时对水分和氧气的需要，尤其后一次晾种可使种子内部水膜消失，增加透气性。

**特别提示**

茄子间歇式浸种可避免种子吸水过度，能使水分缓慢渗入种子内部，保证种子发芽时对氧的需要，促进提早发芽，缩短催芽时间。与连续浸种相比，间歇式浸种比连续浸种能明显提高茄子种子的发芽速度。

## 39 茄子如何变温催芽?

茄子种皮厚，表皮黏液多，较难出芽，一般方法须6～7天，而采取“超常浸泡、两天不洗、多次换气、变温管理”的新法催芽，4天即可出芽，且整齐一致。现将具体办法介绍如下：

先将茄子种子在太阳下晒几小时，再放入55℃的热水中浸种15分钟，不断朝一个方向扭动，使之均匀受热。降至常温再浸泡20～24小时，然后彻底清洗，消除水膜，捞出晾干，控水一夜，这时种子不黏不滑开始催芽。先用湿纱布或湿毛巾包好种子，放入中间有“井”字架的纸箱或瓦盆中，将种子袋摊平在架两边，上下有空间透气，中间吊上15瓦灯泡。纸箱四周和底部用稻草、棉絮等保温材料铺垫，用箱盆的启闭大小调温，白天保持温度30℃下16小时，夜间保持温度20～25℃下8小时，使种子接受5～10℃的变温差，每天取出翻动2次换气补氧。改每天清洗种子为催芽。第3天种子萌动时，彻底清洗补湿1次，出水后仍控水一夜，然后继续在通气好的条件下，用30℃高温及20～25℃的低温下变温催芽，便很快出芽，而且整齐一致。

**特别提示**

浸种时不必每天淘洗，以免形成新的水膜或黏液，影响透气，从而影响种子呼吸和出芽。经浸泡的种子2天内不会缺水；在4天催芽过程中氧气、空气畅通，无水膜和黏液阻碍，4天定出芽，效果良好。变温催芽处理是利用大种芽对低温反应敏感、小种芽对低温反应不甚敏感的原理，用低温来减缓大种芽的生长速度，通过大种芽等小种芽来达到种子出芽整齐一致的目的。

## 40 茄子催芽时有哪些常见问题？如何提高茄子的抗寒能力？

由于茄子种子发芽比较困难，对催芽技术及条件要求较高，因此如果催芽技术不当，常会出现出芽不齐、不出芽或烂芽等现象。

(1)出芽不齐。一般是由于催芽过程中翻动次数少，甚至不翻动，因而种子上下受热和透气不均，导致出芽不齐。此外，没有采用变温催芽也易导致出芽不齐。

(2)不出芽。一般是催芽温度太低或投洗种子时没有沥干水分，种子间积水过多，导致种子因缺氧而无法发芽。如果种子浸种后没有搓掉表面黏液，种子发芽也会受到抑制。

(3)烂芽。如果催芽过程中，翻动和投洗种子的次数少，种子表面黏液未洗净而又积水较多，则易导致烂芽。

为了提高茄子的抗寒能力，促进发芽，可在保护地冬春茬或早春茬栽培育苗时，将浸过种的种子放到0℃低温下处理1～2天，或0～2℃环境中5～7天，然后缓慢升温使其适应，再行催芽。

**特别提示**

胚芽锻炼在茄子催芽过程中并不是必需的。但是，低温锻炼对于提高茄子种胚的抗寒能力、提高种子出苗率和幼苗生长势与整齐度都有很好的效果，特别是苗床保温条件较差时，对于提高和改善种胚的抗寒能力效果明显。

# 茄子育苗方法

茄子育苗要求做好包括苗床的温度、湿度、光照、土壤以及气体等条件的管理。对温度的要求是，白天25～28℃、夜间15～20℃。对湿度条件的要求是，经常半干半湿至湿润的土壤湿度和60%～70%的空气湿度。对光照条件的要求是中等以上的光照强度，尽量充足的光照时间。对土壤条件的要求是疏松透气良好，营养齐全，酸碱度中性。对环境气体条件的要求是，清新、无有害气体，二氧化碳含量适中。在适宜的育苗环境下，不仅种子出苗快，出苗率高，而且茄苗生长快，发育好，易于培育壮苗。

## 41 茄子育苗床有哪几种？（视频9）

用于茄子的播种苗床有以下几种。

**露地床** 不加温，也不加覆盖物。常用于晚春延后栽培的育苗。

**冷床** 冷床是利用日光加温的育苗床或栽培床，北方称“阳畦”，南方称“冷窖”。冷床靠日光加温，受外界气候变化的影响大，人工调节床温的能力较差，温度偏低，茄子秧苗的生长速度较慢，要适时早播，以延长茄子的生长期，保证茄子秧苗在定植时长到一定大小。在北方寒冷地区，冷床不宜作为播种床，但可以作为分苗床。

**温床** 在冷床的基础上增加人工加温，主要有电热温床和酿热温床。

**棚式苗床** 指在大棚或日光温室等保护地内设置的苗床，不加温的为棚式冷床，加温的为棚式温床。棚式冷床利用大棚等比普通冷床保温性好，操作管理方便，抗御自然灾害能力强。大棚内可加设小棚，进一步提高保温性能。

**特别提示**

育苗床要建在光照充足、不易积水并且地下水位较低、易于进行通风管理的地方。育苗床的宽度为1.2～1.5米。播种床与分苗床的面积比以1∶10为宜。育苗床要靠近栽培田以方便茄苗的运输。

## 42 育苗温床有哪些类型?

温床主要有酿热温床和电热温床、烟道温床3种。

**酿热温床** 利用微生物分解有机质即发酵时产生的热量加温，具有成本低廉且较实用等优点，但酿热温床有部分地区的酿热物的来源比较困难、装填需耗费许多劳动时间、温度不易调控等缺点。据测定，直播后填30厘米厚酿热物的温床，10～20天内床土温度比冷床可提高8～10℃。

**电热温床** 在冷床的基础上用电热线通电发热来提高苗床温度的苗床。具有设备简单、投资少、安装维修方便、可人工调温等优点，克服了冷床育苗的地温低、气温不稳定、成苗率低和酿热温床的温度不易调控等缺点，育苗时间缩短，茄子出苗快而齐，病害轻，秧苗素质好，有利于培育茄子壮苗。

**烟道温床** 利用燃烧材料产生的高温火焰和烟气通过火炕或烟道直接加热育苗畦以保证育苗所需温度的温床。烟道温床的结构是在育苗畦底层铺设烟道，并与火炉相通，烟道上铺放15～20厘米的床土，其他结构与阳畦基本相同。烟道温床可以通过燃料燃烧的时间来调节苗床的温度，这种温床的温度一般比酿热温床高，易于人为控制。

**特别提示**

电热温床作业时注意不要铲断电热线，电热线和电源线间采用并联接法，严禁用串联连接。电热线应全部埋入土中，不能暴露在地表面。布线时如线有剩余，绝对不能切断，否则将会使电热线电阻减小，电流增高，发生危险；可以在床头往返盘绕埋入土中。电热线应防止交叉或死结，以防电热线烧断或扭破漏电。育苗完毕，要把电热线仔细取出，擦干净，晾干保存。一般可使用4～5年。

## 43 茄子育苗对苗床土有什么样的要求？

茄子对苗床环境条件要求比较严格。幼苗生长所需要的水分、养分、矿物质和盐类等都是从床土中吸收的。苗床中秧苗密度大、生长速度快，从床土中吸收水分和矿物质盐类的总量很大。优质的茄子苗床土应具备以下条件：

**土壤性质** 土壤中性至微碱性，土质疏松，团粒结构良好，团粒内部保水性强，团粒结构之间空隙较大，容易透水和可容纳较多的空气，保证床土的保水性和透水性强，通气性良好。

**土壤肥力** 有机质含量高，养分齐全，含量充足，能充分供应茄子在幼苗生长过程中必需的氮、磷、钾、钙、镁、铁等营养元素和微量元素。

**土壤卫生** 土质清洁，不受污染，不带有病菌和虫卵，不含对茄子苗生长有害的成分。

用优质的苗床土育苗，茄子的根系发育好，生长较快，易于培育出壮苗，病虫害也轻，能促进茄子早开花，对早期产量有重要的影响。

**特别提示**

若土壤瘠薄，营养元素供应不足，则茄子的幼苗生长发育受阻，从而造成僵苗、老苗，并易受冻害及病虫害侵入。床土携带病原菌，对茄子的幼苗生长发育不利。苗床连作或未经消毒或消毒不彻底都易诱发茄子猝倒病、立枯病和灰霉病等病害。

## 44 如何准备茄子苗床营养土？（视频 10）

床土对培育优质的茄子壮苗十分重要，一般茄子育苗营养土中的有机肥与田土的用量比应不低于 4∶6。田土要从土壤酸碱度中性、无污染、最近 4～5 年内没有种过茄果类蔬菜的地块中挖取，土质以壤土最好。与肥料混拌前，先用铁锹将土块打碎再过筛，条件许可时，最好能摊开暴晒几天，熟化田土并消灭部分病菌和虫卵。有机肥应选用优质的猪粪、羊粪、马粪等，尽量不要选用鸡粪。在配制营养土前，有机肥至少应有 1 个月以上时间的腐熟期，使肥充分腐熟。

为确保营养土中的有效营养成分含量，在混拌肥土时，每立方米肥土中还应混入 1500 克左右的复合肥或 1000 克磷酸二氢钾、800 克尿素。此外，每立方米营养土中还要加入 150～200 克的多菌灵或甲基托布津等杀菌剂以及 150～200 克的辛硫磷或敌百虫等杀虫剂，对营养土进行灭菌消毒，预防苗期病虫害。

田土、粪肥以及化肥、农药等要充分混拌均匀。混好后的营养土不要急于用来育苗，要先培成堆，上用塑料薄膜捂盖严实，让农药在土堆内充分挥发和扩散，对土堆内的病菌和害虫进行灭杀。捂盖时间应不短于1周。

茄子苗期许多病害如立枯病、猝倒病等都是通过土壤传播的，因此除了尽量避免使用带菌的田土外，还应对育苗床土进行消毒，以消灭床土中的病原菌和害虫，减轻苗期病虫害的发生。常用的床土消毒药剂有福尔马林、代森铵、401抗菌素剂、多菌灵、苯来特和高锰酸钾等。还可以高温消毒。

**特别提示**

苗床装填营养土时，应注意厚度适宜，均匀一致，床面平整，松紧适度。茄子苗龄较长，幼苗在营养土中生长时期长，床土不能太薄。茄子播种床营养土厚度一般以3~5厘米为宜，装入床土后拍实，并将床面刮平。茄子分苗一般用营养钵分苗，要求苗钵高度不低于8~10厘米，装钵高度和营养土高度均匀一致、平整。

## 45 苗床面积和播种量如何确定？（视频11）

茄子播种量的多少要考虑种子的发芽率、净度和成苗率的高低。一般情况下，在育苗床内种子发芽率远比发芽试验的数值要低，而且发芽的种子也不一定都能出苗，在条件适宜时成苗率可达80%~90%以上，在温度不适宜的情况下往往不到50%，这些情况在计算播种量时一定要考虑到。

茄子生产中，一般种植单位面积的茄子需种量为每亩25~30克。在育苗过程中可能遇到意想不到的损失，所以当育苗条件较差时，或采用密植栽培时，种子用量还需增加，可达每亩40~50克。每平方米苗床面积的播种量，与移植早晚有关，在花芽分化前，2~3片真叶时移植，每平方米苗床播种量为40~50克；在4~5片真叶时移植，每平方米播种量不宜超过20克。

**特别提示**

茄子的播种量要适当，播种量不足，出苗稀少，浪费苗床，增加育苗成本；播种量过大，单位面积上出苗过多，不仅浪费种子，而且增加了间苗用工；若不及时间苗则易造成茄苗徒长，不利于培育壮苗。

## 46 茄子播种后出苗前苗床如何管理？

从播种到出苗阶段的管理，关键是温度管理。茄子出苗的适温是白天25~30℃，夜间20~22℃，床土温度16~20℃。温度适宜时，5~6天即可出苗；但若温度低时，出苗期可长达20多天。所以茄子播种后应覆盖压严棚膜，也可以贴床面加盖地膜，待开始出苗时再撤出。备有不透明覆盖保温设施如草苫、棉被等的，要适时揭盖。有加温设施的，要充分利用起来，无加温设施的，可采用临时的加温手段，千方百计地保证有较适宜的床温，以利适时早出苗。

这一阶段苗床管理应注意3个问题，一是播后很长时间不见出苗，用两手指用力捏种子发现仍坚实饱满，证明种子没有坏，又确认不是缺水等其他原因时，说明是温度低，不要轻易毁种，因为一般情况下种子不易坏，只要设法提高温度仍然可以出齐苗。二是种子开始拱土后，在床面上筛撒一薄层细湿土，以利保墒和防止幼苗“带帽”出土。三是在幼芽拱出地面时应注意及时见光，加强光照管理。在幼芽拱出地面前，温床（有加温设施的）育苗，或以苗床保温为主时，苗床可以昼夜不见光。但是，从大多数幼芽拱出地面时开始，苗床应及时见光，以防幼芽徒长；在夜间则应适当降低温度，以利培养健壮茄苗。

**特别提示**

茄子寒冷季节育苗时，播种应选择无风、晴天的中午进行。播种操作程序包括以下几个步骤：浇底水、撒底土、撒籽、覆土、苗床覆盖。

## 47 茄子齐苗后如何管理？（视频12）

这个阶段是指子叶完全展开到幼苗长出2～3片真叶、直至适宜分苗前的一段时期。此阶段管理的主要任务是防止徒长形成高脚苗，保证苗齐苗壮。需要采取的措施包括合理地调节床温、湿度，及时间苗、覆土，增加光照等。

幼苗子叶充分展开后，要适当降低苗床温度，白天保持在20～25℃，夜间15～18℃。遇到晴好天气，尤其是采用温床或温室育苗时，应适当通风降温，同时降低空气湿度，防止苗期病害如猝倒病、立枯病等的发生，增强幼苗的抗寒性，为分苗做准备。通风时通风口要由小到大，时间逐渐延长，避免通风过急造成“闪苗”。草苫要早揭晚盖，尽量延长光照时间，使幼苗充分进行光合作用，制造更多的营养物质。遇阴天，苗床可不进行通风，但也应将草苫揭开，增加苗床内的散射光，不能只求保温不揭苫见光，因为在弱光高湿条件下，最易发生病害。

为防止幼苗生长过分拥挤，改善光照条件，当幼苗真叶显露（俗称“破心”）时，须及时间苗。间苗时注意淘汰小苗、弱苗和畸形苗，留苗距离以相互不拥挤、不遮荫为准。间苗后要及时撒盖一层细土弥缝。

**特别提示**

茄子齐苗阶段容易发生的问题主要有：形成“高脚苗”、幼苗出土后子叶迟迟不变大、子叶卷曲以及发病死苗等。苗床内茄苗过于拥挤，光照不足，以及苗床长时间湿度偏大、温度偏高时，会形成“高脚苗”。子叶迟迟不伸展的可能原因是使用了陈种子、苗床的土壤湿度偏低、育苗土配制不当等。茄子齐苗阶段容易发生的病害主要有猝倒病和立枯病。

## 48 茄子分苗时要注意哪些问题？（视频 13）

茄子苗龄长，由于小苗只需要较小的生长空间，而大苗必须较大的生长空间，所以茄子苗床一般分为播种床和分苗床。小苗在播种床内较高的密度下生长，大苗在分苗床内以较小的密度生长。在茄子播种床，随着秧苗的不断长大，苗间的距离已不能适应秧苗继续生长的需要，为了防止拥挤，需要把秧苗移植到新设置的分苗床中，这一措施称为分苗或假植，也称移植。

茄苗根系容易老化，生根能力不强，分苗过程中如果不注意保护根系，伤根较多，栽苗后，不仅缓苗期延长，而且茄苗落叶、黄叶也相对比较严重，不利于培育壮苗。

保护根系的主要措施有：在起苗时尽量多带土。分苗过程中，保持土块完整起苗前应将苗床浇水湿润，严禁床土尚干时起苗。起苗前将床土浇湿的主要目的是防止起苗时，土块破碎，造成茄苗大量露根。但起苗时苗畦内的土壤湿度也不可过大，以免发生糊根。在搬运茄苗过程中要轻拿轻放，保持土块完整。每次的起苗量不宜过多，并且要随起苗随栽入分苗床，起出的苗不能及时栽苗时要用塑料薄膜或湿布等覆盖保湿。

**特别提示**

分苗的目的在于扩大营养面积，改进光照条件，有利于保持适当的温度、湿度，减少病虫害发生。另外幼苗主根受到伤害后，会促进侧根发育，增加根群，有利于培育壮苗。

## 49 茄子分苗的方法有哪些?

茄子分苗的具体方法因分苗容器的不同而异，具体有以下方法：

**塑料钵分苗** 把营养土装入塑料钵内，但不宜装满，上口留出2~3厘米空隙以便于浇水。塑料钵有各种规格型号，茄子分苗一般用上口径10厘米、高10厘米、下口径8厘米规格的较为合适。塑料钵底部有圆孔，用于排水，塑料钵有固定形状，便于移动，较耐用，装营养土方便，但成本稍高。塑料钵分苗时，先浇透水，待水渗下后，用手持一苗，拇指和食指夹住苗茎，中指按住苗的根茎部，将苗按入苗钵中央的泥土中，顺势填入泥土或营养土并压实根部即可。

**纸筒分苗** 纸筒一般直径为10厘米。取口径约10厘米的罐头筒，将旧报纸或废牛皮纸裁成35厘米×17厘米的纸条备用。将营养土装入罐头筒内，用报纸条对齐筒的下端后绕筒身裹起来，报纸条高出筒上端5厘米左右，齐筒沿向内折封住筒口，侧转后拔出罐头筒就成了。在苗床内摆放时各纸筒都要相互挤紧，以免纸筒散开。用纸筒分苗成本较低。纸筒分苗的具体做法同塑料钵。

**无底塑料薄膜分苗** 用直径8~10厘米的筒状塑料薄膜，剪成8~10厘米长，装入营养土，在苗床内码放整齐。它成本低，购买方便，但由于塑料薄膜较薄，没有固定形状，装营养土较困难，操作费工。

**营养土方分苗** 制作营养土方有两种方法，一是和泥制营养土方。在分苗当天，将营养土掺水和成泥，在整好的畦底先铺一层细沙或灰渣，作为隔离层。再将和好的泥平铺在畦内，厚约10厘米，表面用木板抹平，再切成10厘米见方的泥块，在每一泥块的正中用细棍戳一小穴，将茄子苗栽入穴内。最好是随栽随做。二是干制营养土方。将整平的畦踩实，铺一层细沙或炉灰或草木灰，再铺一层营养土，厚约10厘米，踏实，搂平。分苗前灌水，水渗下去后切成10厘米见方的土块，用木棍在每块中央戳一小穴，茄子苗栽入穴内。

**特别提示**

分苗的最好时期是在幼苗花芽分化前。栽苗前一定要浇水，挖苗时要注意少伤根，栽植时要使根系在土壤中舒展，栽植深度以比幼苗原来生长深度略深即可，子叶一定要在地表上，底水要浇透，上面还可覆盖一层营养土。

## 50 茄子如何进行穴盘育苗？（视频14）

茄子培育二叶一心子苗时选用288孔苗盘；培育四至五叶苗时选用128孔苗盘；培育五至六叶苗时选用72孔苗盘。基质配制方法是：草炭/蛭石2:1或3:1，草炭:蛭石:废菇料1:1:1。配制基质时加入15:15:15氮磷钾三元复合肥3.2～3.5千克，或每立方米基质加入1.5千克尿素和1.5千克磷酸二氢钾，或2.5千克磷酸二铵，肥料与基质混拌均匀后备用。

当前穴盘育苗主要为早春保护地生产供苗，北京地区定植期从2月下旬开始（日光温室）直到4月初结束（塑料大棚），故播种期从12月中旬到1月中旬，视用户需要而定。播前应检测发芽率，穴盘育苗采用精量播种，为了提高播种质量，应选择发芽率大于90%以上的种子。为了提高种子的萌发速度，可进行种子活化处理，其方法是将种子浸泡在500毫克/千克赤霉素溶液中24小时，风干后播种或丸粒化后再播种。

72孔穴盘深度1.0厘米左右；128孔和288孔穴盘0.5～1.0厘米。播种后覆盖蛭石。播种覆盖作业完毕后将育苗盘喷透水（水从穴盘底孔滴出），使基质最大持水量达到200%以上。播种后，将穴盘放入催芽室。催芽室白天温度保持在25～30℃，夜间保持20～25℃，4～5天后，当苗盘中60%左右种子种芽伸出，少量拱出表层时，即可将苗盘摆放进育苗温室。进入温室后日温大于25℃，夜温18～20℃为宜。当温室夜温偏低时，考虑用地热线加温或临时加温措施，温度过低出苗速率受影响，小苗易出现猝倒病和沤根病。苗期子叶展开至二叶一心，水分含量为最大持水量的70%～75%。二叶一心后夜温可降至15℃左右，但不要低于12℃。白天酌情通风，降低空气相对湿度。苗期三叶一心后，结合喷水进行2～3次叶面喷肥。三叶一心至商品苗销售，水分含量为65%～70%。

由于种子质量和育苗温室环境条件影响，茄子精量播种出苗率一般只有60%～70%，为此对一次成苗的需在第1片真叶展开时，抓紧将缺苗孔补齐。用72孔育苗盘育茄苗，大多先播在288孔苗盘内，当小苗长至1～2片真叶时，移至72孔苗盘内，这样可提高前期温室有效利用，减少能耗。

**特别提示**

如果取苗前浇1次透水，穴盘苗可远距离运输，早春季节，穴盘苗的远距离运输要防止幼苗受寒，要有保温措施。对于自用苗，近距离定植的可直接将苗盘带苗一起运到地里，但要注意防止苗盘的损伤，可把苗盘竖起，一手提一盘（幼苗不会掉出来），也可双手托住苗盘，避免苗盘打折断裂。穴盘苗定植成活率可达百分之百。

## 51 茄子壮苗有哪些具体的特征?

**长势** 茄子播种后出苗快，一般来说4天出苗，7天齐苗，生长旺盛，吸收力强，发棵快，花芽分化早而好，根系活力强，无病虫害，对环境适应性和抗逆性强，成活率高。

**长相** 茄子的叶片完整，大小适中，子叶肥厚，真叶肥大，伸展良好，不卷曲，叶片浓绿有光泽，子叶和下部叶片不过早脱落和变黄，具有6~8片叶；茄子的生长点大而饱满，茎秆粗壮、节间较短，色深而有光泽，粗细变化自然。根系发达，侧根较多，根色自然。门茄花蕾大而饱满，不畸形。

**整齐度** 茄子的出苗和生长整齐，不缺苗。

**特别提示**

健壮的茄子苗，生长快，生活力强，对病虫害的抗病性强，适应栽培环境能力强，定植后活棵快，花数多，结果多，果实膨大快，因而可以获得早熟丰产，是取得较高经济效益的前提。

## 52 怎样防止茄子在育苗过程中出现僵苗?

僵苗现象是茄子冬季育苗中经常遇到的问题，尤其是在阳畦育苗中更易发生幼苗僵化现象。僵苗的特征是，茎细而软，叶片小而黄，根少色暗，定植后不易发生新根，生长慢，生育期延迟，开花结果晚，结果期短，容易衰老。

造成幼苗僵化的主要原因包括温度低、光照弱。当苗床土壤长期出现水分亏缺时也会出现幼苗僵化。一旦发生幼苗僵化现象，首先要给幼苗以适宜的温度和水分条件，促使秧苗正常生长。如果采用阳畦育苗，要尽量提高苗床的气温和地温，适当浇水和保温。此外，还可对僵化苗喷10~30毫克/千克的赤霉素，每平方米用稀释的药液 100 克左右，喷后约 7 天开始见效，有显著的刺激生长作用。

**特别提示**

茄子育苗中还常发生沤根和烧根，是由土壤障碍引起的幼苗生长障碍。沤根主要是由于土壤长期高湿度造成的；烧根主要是由于土壤养分离子浓度过高引起的，多由于营养土中加入了过多的化肥。

## 53 生产上可以采取哪些措施避免茄子秧苗徒长？

**确定浇水量** 根据育苗季节确定苗畦的浇水量，避免浇水后苗畦内长时间保持较高的土壤湿度。一般情况下，低温期苗畦的温度偏低，失水较慢，应少浇水；高温期苗畦失水较快，畦土易变干，可适当多浇水。

**保持苗床内充足的光照** 充足的光照能够抑制幼苗的旺长，特别是紫外线含量较多的自然光照，对抑制茄苗下胚轴的伸长、防止徒长更为重要。因此，齐苗阶段在保证苗床内温度需要的前提下，应及早揭掉苗床的各种保温覆盖物，尽量延长苗床的自然光照时间。同时，对由于播种不均匀或播种量过大而造成幼苗密集、床面光照不足的苗床或地方，应及早疏去多余的茄苗，保持茄苗间合理的苗距。

**适当降低苗床的温度** 当苗床内约有半数的幼苗出土后，要把苗床白天的温度降低到 25℃左右，夜间的温度不要超过 15℃。

**激素处理** 分苗前用 250 毫克/升乙烯利（40% 乙烯利 1 毫升对水 1.6 千克），或用 2000～5000 毫克/升的比久喷洒植株，有利于防止幼苗徒长。

**特别提示**

"疯长"是指茄果类蔬菜在生长期间的非正常徒长、狂长。"疯长"是造成苗(枝)抽生太长，枝叶过旺，苗(枝、叶)间相互遮挡，通风受光不良，植株开花少、落果多、产量低、品质差的一大障碍因子。

## 54 什么是手捏蹲苗技术？该技术防治茄苗疯长效果如何？

常规解决"疯长"的方法有两种：一是采用深中耕的物理方法切断部分根系控制生长；二是采取喷洒多效唑、缩节胺、矮壮素等植物生长调节剂等化控方法抑制生长。这两种方法虽然对防止茄果类蔬菜的"疯长"有作用，但是有两大缺点：第一，不分青红皂白，将不需要防"疯长"的小苗及弱枝都控制、抑制成了"僵苗"。第二，有污染、有残留，稍有不慎，就会对果实的质量和安全造成影响。

手捏蹲苗技术是蔬菜科技示范户在摸索蔬菜高产、优质、安全生产的经验中革新出的一种防止茄果类蔬菜苗枝"疯长"的实用技术。方法是：两眼看准"疯长"的茄子、辣椒、番茄等茄果类蔬菜植株，从苗(枝)顶部往下数，在第3叶以下节间处用两个手指轻轻一捏，让其放"响"出水，使之输导组织暂时受损不能向上输送养分而"蹲苗"停长。待3~5天，捏过的伤口部分愈合成一个"疙瘩"后又恢复正常生长。此时，周围没被"捏"的弱苗、小苗、弱枝、小枝都在生长，大部分赶上了被"蹲"成壮苗的原"疯长"苗，使得全园的菜苗都长成了生长一致的高产、优质壮苗。

**特别提示**

农民朋友夸耀手捏蹲苗技术是“咔嚓一响，‘头头’不长，‘兄弟’伸腰，‘老大’投降，‘哥哥’等‘弟弟’，‘弟弟’赶‘哥哥’，一家‘兄弟’都壮长，高产优质没话讲”。

## 55 连阴雨天如何加强苗床管理?

长期的实践证明，在连续雨雪天气下苗床管理应注意以下几个方面。

一是夜间加强保温措施，如采用双层或多层覆盖，采用电热线加温，保证苗床的最低温度不低于5℃。

二是在中午利用间歇性雨(雪)停止的有利时机，揭开覆盖的草帘、遮阳网等使秧苗受光，甚至揭开薄膜，进行短时间通风换气。

三是禁止施肥浇水，即使秧苗叶子发黄也不能追肥浇水否则会使土温更低，而且此时叶片发黄极有可能是土温低、光照不足所造成的。

四是在天气晴朗后，不可立即使秧苗接受直射光而应采取一定的遮荫措施，使秧苗对阳光有一个适应过程。

## 56 棚栽茄子育苗有哪些新技术？如何进行?

茄子的主要病害黄萎病是一种土传病害。苗床要用新土(未种过或育过茄子的土)，或用甲醛消毒。将备播种芽与适量湿润细土拌匀、撒在浇透水的苗畦上，每平方米用种量3~4克。播后畦面撒盖细土厚1.0~1.5厘米，再覆盖地膜保湿，促出苗齐全。采用营养钵育苗法、双粒播种。

1月中下旬适时播种，常遇高温多雨或干热天气，对培育壮苗不利。为降温防雨及减少病虫害，在播种后畦外插 2 米长竹片，弯成拱形小棚；先盖 1 层遮阳网、再盖 1 层防雨膜。晴天在拱棚两侧膜开通风口 30 厘米降温，降雨前关闭膜侧通风口，预防风雨刮膜灌畦。

育苗期不施化肥，苗弱时可喷施以色列产“宝力丰 2 号”200 倍液，隔 5 天 1 次，连用 2 次。茄苗较耐旱，但过旱不发棵，2～4 天浇 1 次小水。

结合深翻整地，每亩均匀撒施腐熟有机肥 1 万千克及复合肥 100 千克作基肥。按垄背宽 80 厘米、垄高 30 厘米、垄沟宽 40 厘米的标准，精细整畦。

8 月中下旬播种，苗龄 40～50 天，10 月上中旬为移栽适期。选晴天定植，每亩移栽 2500～3000 株为宜。按行距 40 厘米、株距 40 厘米，合理密植，垄背双行交错开穴，穴深 12 厘米，穴内灌足清水，待水渗下后，将带土坨茄苗轻放于穴内，覆土封穴。据青州经验，定植后暂不封穴，每天观察穴内茄苗的土坨，待苗坨周围长出新根毛时再封穴，此法缓苗慢，但可炼苗，对植株健壮生长有利。

**特别提示**

若用冬棚、日光温室进行反季节栽培，应采用育苗新技术，培育无病壮苗，并适时精细移栽，为丰产，优质，高效夯实基础。

## 57 培育茄子壮苗应注意哪些问题？

茄子发芽较慢，出苗率低，幼苗成活率不高，苗弱，不同质量的幼苗对茄子的产量早熟性有显著影响。所以种植茄子必须培育壮苗才能打下早熟丰产基础。要育好茄子苗主要抓好以下技术：

**抓好种子发芽关** 为有利于茄子种发芽快、发芽齐、苗子壮，播前应采用70～80℃高温水进行烫种，烫后还应在室温下浸种24小时，并将种皮上的黏液反复搓洗干净后放置在25～30℃条件下进行催芽。种子发芽需氧，水分过多，易造成氧气不足，降低发芽率，以保持土壤湿润为宜。在育苗期，土温要求在25℃左右，此时种子发芽快、出苗整齐，土温降到10℃以下，种子胚芽和根系停止生长。所以，播种应抢在晴天的回暖天气进行，播后保持土壤湿润，以促进种子早发芽，提高发芽率。以采用小拱棚薄膜覆盖育苗为好。

**注意苗期的温湿度** 茄子的根系生长要有较高的土温，土温在25℃左右，根的生长旺盛，吸肥水能力强，一般夜温12～15℃，白天温度在20～26℃为好，如夜间温度在10℃以下，根系发育不良，甚至停止生长。茄子幼苗喜水，缺水时花芽分化晚，发育慢，所以应本着少浇、勤浇的原则，满足其对水分的需求。茄子幼苗在低温、高温时最易倒苗，所以在苗期要注意苗床的温度和湿度，切忌过湿，前期以湿润为宜，中期以后坚持干干湿湿，以达到培育壮苗的目的。

**床土必须具有充足的肥力** 茄子喜肥，氮肥充足，发芽、分化发育早，幼苗生长健壮，着花节位低。但磷、钾肥也不可少。所以配营养土时应加一定量的氮、磷、钾肥，并保持床土速效性氮肥在100毫克/千克以上。

**应选择光照好的地方育苗** 茄子育苗期间对光照的长度和强度要求较高，光照弱花芽分化晚，开花期推迟，花的着生部位高，所以育苗地选择在具有较好光照条件的地方。

**防治苗期病害** 育苗期间以增施磷肥为主，可用复合肥作基肥，亩施10千克。幼苗前期可适当追施腐熟稀粪水，中期后控制肥水，逐步炼苗，使植株健壮，提高抗逆能力。移植前7～10天追施1次氮肥，促进新根生长，逐步揭开小拱棚薄膜进行炼苗，使幼苗适应外界环境，然后移苗定植。这样，定植后的幼苗成活快，保证全苗。为防苗猝倒病和感染立枯病，苗床须进行换土或进行土壤消毒。

**特别提示**

在育苗时，要防止蚂蚁危害种子，蚂蚁最喜欢蚕食种子。播种后，常出现成群结队的蚂蚁把种子搬回蚁窝咬食。因此，应在苗床上分点撒上蚂蚁药防治。还要合理用种，播种量过大，造成苗弱，易感染病害，如猝倒病、褐纹病都是幼苗期常见的主要病害。要苗壮，合理的用种量是基础，不宜过密。

## 58 茄子嫁接育苗有什么好处?

采取嫁接技术，可以提高茄子根系抗土传性病害的能力。随着温室大棚茄子生产面积的不断扩大，土传性病害发生与否及其严重程度已经成为影响茄子栽培的重要因素，如黄萎病。而采用嫁接育苗栽培时，只要砧木选择得当，则可有效地避免和减轻土传病害的发生，因而对于克服连作障碍具有重要意义。

由于砧木比普通栽培茄子品种的根系发达，因而，嫁接育苗栽培时，植株根系发育状况明显改善，吸收水肥能力提高，使得植株长势明显增强，植株高度和叶面积明显增加，对土壤环境条件的适应性也有所提高。

由于茄子嫁接后，根系发育状况明显改善，使得根系对于高温、干旱、高湿等不良土壤环境条件的抗性明显提高。

由于上述嫁接效果，综合反映在产量上，使得嫁接茄子栽培具有始收期提早、采收期延长的特点，而且早期产量和总产量也有所增加。

**特别提示**

茄子嫁接育苗时应注意以下问题：嫁接时需要有适宜的环境，嫁接时使用的剃须刀必须是锐利的，嫁接前要注意发现和剔除病苗，嫁接时使用的器具和操作人员的手要在嫁接过程中多次用酒精或高锰酸钾溶液消毒，但消毒后的刀片必须干后才可再用，嫁接时应注意防止病菌感染接穗部分。

## 59 常用砧木品种有哪些？各有何特点？

**托鲁巴姆** 该砧木属于野生茄类型。主要特点是：与茄子的嫁接亲和性较强；对茄子的生长势提高较明显；对茄子的黄萎病、青枯病、根线虫病和根腐病的抗性也较其他砧木强，耐热和耐寒的能力也较强。弱点是该砧种子的发芽期较长，嫁接苗初期的生长较缓慢，结果较晚，早期产量较低，中后期生长势较强，产量较高，另外该砧木的嫁接苗较易发生叶枯病。

**耐病VF** 该砧木属种间杂交茄，与茄子的嫁接亲和性较强，对茄子黄萎病和根腐病的抗性较好，但对茄子的青枯病和根结线虫病抗性一般。

**密特** 该砧木属于种间杂交茄类型，与茄子的嫁接亲和性较好。对茄子黄萎病和青枯病的抗性较强，耐热，嫁接植株生长势强，结果早，早期的产量较高，丰产性能也较好。

**红茄** 该砧木属于野生茄类型，与茄子的嫁接亲和性较好，对茄子的生长势影响不明显，不会引起嫁接茄子旺长，对茄子的青枯病、根线虫病和根腐病的抗性较强，也较耐热，但对茄子黄萎病的抗性中等，耐寒能力也一般。

**抗重5号** 该品种来自山东潍坊市农业科学研究院蔬菜研究所，高抗茄子青枯病、黄萎病，嫁接植株长势强，增产效果明显。

**超托鲁巴姆** 该品种是在托鲁巴姆群体中筛选出的抗病突变株系。抗黄萎病、枯萎病、青枯病、线虫病的能力均优于托鲁巴姆。嫁接后茄株粗壮，根系发达，枝叶繁茂，生长势极强。抗寒耐热、抗旱耐湿。果实品质极佳，总产量高。适合与各种接穗进行嫁接栽培，特别适合延后栽培、长季节栽培。

**刺茄** 该品种同时抗4种土传病害(黄萎病、枯萎病、青枯病、根线虫病等)，植株生长势强，根系发达。嫁接后植株抗病、耐旱、耐涝，延缓衰老，总产量增高，果实品质佳。适合与各种接穗进行嫁接栽培。茎上的刺较多，嫁接时需注意。

**特别提示**

茄子嫁接育苗对砧木主要有以下几方面要求：与栽培茄子的嫁接亲和性强；与栽培茄子的共生亲和性强且稳定；抗病能力要强；耐低温和高温的能力要强；对果实品质无不良影响或影响极小。

## 60 茄子有哪些嫁接方法？(视频15)

**劈接法** 在砧木长到6～8片真叶、接穗长到5～7片真叶时，将砧木置于嫁接操作台上，保留2片真叶，用刀片平切，去除其余部分，在茎中垂直竖切1.2厘米深的切口；拔出接穗幼苗，保留2～3片真叶，切掉下部，并削成与砧木切口一相当的楔形，随即插入砧木切口，仔细对齐，用嫁接夹固定。

**斜切接法** 嫁接苗龄与劈接法相同，嫁接时砧木保留2片真叶，接穗形成一个和砧木面积、形状相同而方向相反的平面，把砧木和接穗的面对齐贴紧，用特制的嫁接夹固定。

**插接法** 用竹签或金属签在砧木苗茎的顶端或上部插孔，把削好的茄子茎插入插孔内而组成一株嫁接苗的嫁接方法。根据茄苗穗在砧木苗茎上的插接位置不同，插接法又分为顶端插接和上部插接两种形式。

**贴接法** 也叫贴芽接法。该嫁接法是把茄苗切去根部，只保留一小段下胚轴，或者是从一段枝蔓上以腋芽为单位切取枝段，用刀片把砧木苗从顶端斜削一切面后，把茄苗穗或枝段的切面贴接到砧木的切面上，固定后形成嫁接苗。

**对接法** 把砧木和茄子的苗茎从要结合的部位水平切断，而后用一连接柱插入茄子和砧木的苗茎内，使茄子与砧木的苗茎切面对紧、对齐，形成嫁接苗。

**特别提示**

近年来在日本兴起的一种新型茄子嫁接法，即套管嫁接法。该嫁接法采取贴接法操作程序进行起苗与苗茎削切，嫁接部位不用嫁接夹固定，而是用一茄子专用、长1.2~1.5厘米、两端为平行斜面形的C形塑料管套住，借助塑料管的张力，使茄苗与砧木的接面紧密贴合。随着嫁接苗长大、苗茎加粗，塑料管的开口也逐渐变大，最后脱落。

## 61 确定砧木和接穗播种期的依据是什么？

为了使砧木和接穗的最适嫁接期协调一致，应从播种期上进行调整。播种期的确定与所采用的嫁接方法有密切的关系。

茄子常用的嫁接方法主要有劈接法和斜切接法，这两种方法对砧木和接穗的大小与粗细的要求基本一致，即这两种方法对适宜嫁接期的要求基本一致。这样的话，播种期的确定主要取决于砧木生长的快慢，由于不同茄子生长特性不同，其生长速度特别是苗期差别很大。红茄和耐病VF的生长速度基本接近普通茄子，所以提早播种的时间较短（分别为7天和3天）。如采用托鲁巴姆或 CRP，则需比接穗提早很长一段时间(托鲁巴姆提早 25~30 天，CRP 提早 20~25 天)，其主要原因是苗期生长速度慢，加之茎细。

## 62 嫁接苗接口愈合期如何管理?

茄子接口愈合期一般为 9~10 天，接口愈合的适宜温度为白天 25~26℃，夜间 20~22℃。嫁接完后要用喷壶等在苗上洒水，并且小拱棚内要充分浇水，盖严小拱棚。6~7 天后可揭开小拱棚底脚，少量通风，9~10 天后逐渐增加通风时间与通风量，但仍应保持较高的空气湿度，每天中午喷雾 1~2 次，直至完全成活，才转入正常的湿度管理。嫁接后需在小拱棚上覆盖草帘、纸被或报纸等进行短时间的遮光；避免阳光直射幼苗，引起接穗萎蔫。嫁接后的 3~5 天要全部遮光，以后半遮光(两侧见光)，逐渐撤掉覆盖物及小拱棚薄膜。9~10 天以后恢复正常管理。如遇阴雨天可不用遮光。注意不能遮光过度或时间过长，否则会影响嫁接苗的生长。

茄子嫁接的适宜时期主要取决于茎的粗度，当砧木茎粗达 0.4~0.5 厘米时为嫁接的适宜时期，过早的话，茎细、节间又短，不便操作，影响嫁接效果；过晚，植株的木质化程度高，影响嫁接成活率。茄子嫁接部位一般是在第 2~4 片真叶的节间，应注意该部位的茎粗度与节间长度的变化。多数砧木品种在幼苗长到 5~6 片真叶时，为嫁接的适宜苗龄。

**特别提示**

茄子嫁接后，不同时期嫁接苗管理的技术要求不同，应注意区别管理。

## 63 嫁接苗接口愈合后怎样管理?

**摘除砧木萌叶** 由于嫁接时切除了砧木的生长点，这样会促进砧木侧芽萌发，特别是经过一段高温、高湿、遮光的管理，侧芽生长很快，如果不及时去掉，很快长成新叶，直接影响接穗的生长发育。所以在接口愈合后，应马上摘除砧木荫叶，去除干净彻底。

**分级管理** 由于嫁接时砧木的粗细、大小不一致以及接穗去留叶片数的不同，成活后秧苗的大小和质量也会有一定差别，须进行分级管理。将接口愈合牢固并恢复生长较快的大苗放到一起，把愈合不良、生长较慢的小苗放在温度、光照条件好的位置，集中管理，创造较好的环境条件，逐渐追上大苗。对于假成活的苗子可以淘汰。

**去除固定物** 茄子嫁接去夹不能过早，特别是采用斜切接的苗子去夹更不能过早，否则易使嫁接苗在搬动过程中从接日处折断。由于茄子茎的木质化程度较高，即使去夹晚一些，也不影响其生长，但对于用两个夹子固定的秧苗，应去除一个夹子。一般可延迟到定植后再去夹，这样还可以防止定植时埋土超过接口。采用塑料条绑缚接口的可早些松绑，以免影响生长。

**特别提示**

成苗期一般不用扣小拱棚，白天 20～25℃，夜间 13～15℃，只有当最低温度降到 10℃以下时，夜间再扣小拱棚。阴天温度控制要比晴天低一些。温度调节主要靠保温、增加光照、必要的补充加温及放风来实现。成苗阶段水分要充足，保持土壤湿润，不能缺水。当秧苗较拥挤时，要及时进行排湿，将营养钵分开一定距离，以免相互遮光，影响生长。在定植前 7～10 天开始对秧苗进行低温锻炼。

## 64 茄子无土育苗的基质如何配比?

目前,在我国无土育苗一般是与穴盘育苗相配套使用,采用的育苗方式一般都是基质育苗。配制基质时,除了要本着就地取材、经济实用的原则外,还要求基质必须质轻、透水透气性好,同时,最好在基质中含有较多营养物质,以便于尽量简化营养液配方和降低营养液供应量,达到降低育苗成本的效果。

我国各地在采用塑料钵、穴盘或平盘育苗时,普遍采用的基质种类一般为蛭石、草炭和有机肥混合物。所用有机肥一般为经过腐熟、过筛的牛粪,三者的配合比例一般为体积比为1∶1∶1,为了保证基质中营养物质的供应量,一般在每立方米基质混合物中还需要加入烘干鸡粪4~5千克、硫酸钾和磷酸二铵各100克。有的地方利用食用菌废弃培养料作基质,此时只要在每立方米的废弃培养料中掺入烘干鸡粪5千克、硫酸钾和磷酸二铵各150克即可。如果利用腐熟、沤制秸秆等材料配制基质,则要根据秸秆的腐熟程度合理掌握。

**特别提示**

目前用于无土育苗的基质材料,除了草炭、蛭石、珍珠岩外,还有沙砾、碎石、炉渣、炭化碧糠、腐熟秸秆、处理过的甘蔗渣、酒糟、锯末及生产食用菌废弃培养料等均可作为基质材料。

## 65 无土育苗时一般采用什么容器?

茄子无土育苗时,可以采用以下容器:

**平盘** 为长方形硬塑料盘,黑色或浅灰色。目前各地使用的平底育苗盘的规格一般为长×宽×高为60厘米×30厘米×5厘米，盘的底部布满小眼，以备漏水、透气，装入基质抹平即可供育苗和分苗用。

**穴盘** 为长方形软质塑料盘，盘内纵横压制出许多具有隔板的孔穴，每一孔穴的底部又都设有排水孔。我国各地普遍使用的穴盘的规格一般为54厘米×28厘米×6厘米，根据每一穴盘内所含孔穴的数目不等，分别有50孔、72孔、128孔等多种形式。每盘内所含有孔穴数目越多，则单孔营养面积越小。其中，适宜茄子育苗用的穴盘为50孔和72孔穴盘。

**塑料钵** 利用软质塑料压模而成，形似圆锥体，多为蓝色和黑色半透明。底部中央有一直径1厘米左右的小孔，便于育苗时透水通气。塑料钵的规格有多种，适于茄子育苗用的塑料钵规格一般为上口径8~10厘米、底径6~8厘米、钵高8~10厘米。

## 66 茄子无土育苗时怎样配制营养液?

适宜茄子无土育苗的营养液配方有多种，这里推荐以下几种配方供参考采用：

**配方一** 1000千克水中加入尿素400~500克、磷酸二氢钾450~600克、硫酸钙500克、硫酸镁500克。该营养液配方中，包括了茄苗所需要的各种大量营养元素，适合于茄子各种无土育苗方式，尤其是采用水培育苗，或采用沙砾、碎石、炉渣、蛭石、珍珠岩、炭化碧糠等材料为基质进行育苗时，必须采用此类配方。但是，其营养液配制成本较高，当基质中营养成分含量较高时，则不必采用该配方。

**配方二** 1000千克水中加入尿素400~500克、磷酸二氢钾450~500克。该配方只是为营养液提供了氮、磷、钾三种元素，适用于基质中含有少量营养物质的有机基质育苗方法。

**配方三** 1000千克水中加入磷酸二氢钾400~500克、硝酸铵600~700克。该配方适用于基质中含有少量营养物质的有机基质育苗方法。

**配方四** 1000千克水中加入硫酸镁500克、硝酸铵320克、硝酸钾810克、过磷酸钙550克。该配方适用范围同配方一。

上述配方中，并未包括植物生长过程中所需要的微量元素，如果采用水培法及单一用蛭石、珍珠岩、碎石、炭化碧糠等作基质育苗时，还须加入如下微量元素。即1000千克上述溶液中加硼酸3克、硫酸锌0.22克、硫酸锰2克、硫酸钠3克、硫酸铜0.05克。无土育苗营养液应尽量做到原料易购，价格低廉，配制简便，养分齐全，使用安全。当基质中草炭、食用菌废弃培养料等有机基质含量较高时，则可以将微量元素从营养液中删除。

**特别提示**

营养液配制好了以后，往往并不能直接用于灌溉幼苗，还必须对营养液的酸碱度进行调整。适宜茄子生长的营养液酸碱度为pH值6.0~6.5。如果营养液在配制之后，酸碱度过高或过低，必须选用硫酸、盐酸或氢氧化钾、氢氧化钠等进行调整。此外，还应注意将营养液的温度控制在20~25℃，以免造成土温过高或过低。

## 67 无土育苗苗期管理要注意哪些问题?

无土育苗时，浇水与传统育苗方法不同，浇水次数也要频繁得多。特别是穴盘苗穴的基质量少，又是干种子直播，所以要求播后的水一定要浇透，以孔穴底孔向外渗水为标准。

冬春季出苗前考虑用地膜把苗盘覆盖一下，一是为保温，二是可以保湿，这样到出苗前可以不再浇水；夏季温度高、水分蒸发快，要小水勤浇，保持上层基质湿润，以利出苗，但也不能水分太大，防止种子腐烂。出苗后到第1片真叶长出，要降低基质内水分含量，水分过多易徒长。其后随着幼苗不断长大，叶面积增大，同时蒸腾量也加大，这时如果秧苗缺水就会受到明显抑制，易形成老化苗；反之，如果水分过多，在温度高、光照弱的条件下秧苗易徒长，在夜温低的情况下易发生猝倒病和沤根病。

**特别提示**

水分过大会使苗床内空气湿度增高，易导致较多的病害发生。夏天多选择小孔盘，由于温度高，幼苗蒸发量大，基质较易干，在勤浇水的同时，也要防止水分过大和防雨涝，在遇阴雨天时空气湿度大，如果浇水过多就会烂苗。

# 茄子露地栽培

茄子喜温，怕热，怕霜冻，在定植后不加保护的露地条件下生产时，只能在无霜的季节里栽培。因此，在露地的生长盛期是在夏、秋两季，秋末下霜后拉秧。

## 68 茄子有哪些栽培方式？（视频 16）

茄子喜温，不耐霜冻，适应性较强，在我国南北各地栽培非常普遍。主要栽培方式有：

**露地茄子栽培** 中国华南地区和台湾地区全年均可栽培；长江流域、华北地区终霜后露地育苗，或终霜前 2 ~ 3 个月于冷床、温床育苗，终霜后露地定植；东北、西北等无霜期不足 150 天的寒冷地区，都于终霜前在温室或温床育苗，春末夏初定植。亦即露地春茬栽培和露地夏季栽培。

**小拱棚短期覆盖栽培** 东北北部及内蒙古北部地区 1 月上旬育苗，3 月下旬至 4 月上旬扣棚，4 月中下旬定植，5 月下旬上市。7 月中旬可更新剪枝，8 月中旬重新结果上市，一直延续到 10 月下旬。东北南部、华北及西北地区可比上述地区提前半个月育苗和定植。华东、华中可比上述地区提前 15 ~ 20 天育苗和定植。

**大棚茄子栽培** 又分为大棚早春茬栽培和大棚秋延后栽培。大棚早春茬栽培，东北北部及内蒙古北部，1月上中旬育苗，3月上中旬扣棚，4月上中旬定植，5月上中旬上市，可延续至7月末。东北南部、华北及西北地区，可比上述地区提前10～15天育苗，定植及扣棚时间可提前15天以上。华东、华中地区，育苗、定植、扣棚时间可再提前15～20天。大棚秋延后栽培，东北中南部7月上旬育苗，8月上旬定植，9月下旬直至11月上旬上市。华北、西北地区6月中旬育苗，7月中旬定植，9月上旬至11月下旬拉秧。华东、华中及中南地区，7月上旬育苗，8月上中旬定植，9月下旬至翌年2月下旬拉秧。

**日光温室茄子栽培** 又分为日光温室冬春茬栽培、日光温室早春茬栽培和日光温室秋冬茬栽培。冬春茬栽培，东北及内蒙古北部10月上旬育苗，1月上旬定植，2月中旬上市，延至7月中下旬拔秧。华北、西北地区，9月上中旬育苗，12月上中旬定植，翌年2月中下旬上市，延续至7月中旬。山东、河南，8月中下旬育苗，11月中下旬定植，翌年1月上中旬上市，延续至7月上旬。早春茬栽培，育苗和定植期要延晚1个月。秋冬茬栽培，6月下旬育苗，8月下旬定植，9月上中旬扣膜，11月初上市，一直延续到翌年2月上旬，然后接早春茬，也可一直延续到4月末5月初。

**特别提示**

随着各种设施栽培技术的发展，新的设施栽培措施也不断出现，使茄子的栽培方式在传统的基础上也发生了较大的变化。这些栽培方式主要有露地栽培、地膜覆盖早熟栽培、塑料棚春提早栽培、塑料棚秋延后栽培、日光温室秋冬茬、冬春茬和越冬茬栽培等。日光温室结合遮阳网、无纺布等覆盖栽培技术的推广应用，茄子生产已由春、秋向冬、夏延伸，构成了周年生产、周年供应体系。

## 69 茄子露地栽培的茬口如何安排?

茄子喜温怕冷，露地栽培必须在无霜期，分为春、夏两茬，春茬又分为早熟栽培和中熟栽培，夏茬也称恋秋茬，可一直延续到9、10月，直到下霜为止。

露地春茬茄子一般是在当地晚霜过后，日平均气温在15℃左右开始定植，北方多在4月下旬至5月上旬，南方3月底至4月初，是利用自然条件下温、光、水条件适宜进行生产的一茬。春播露地茄子可分为早熟栽培和中、晚熟栽培两种。

早熟栽培叫春茄子，它是利用春白地定植的一茬，争取的是早期产量，因此宜选用早熟品种，如北京五叶茄、北京六叶茄、新乡糙青茄、天津快圆茄、辽茄1号、辽茄4号等，需要在保护地里早育苗。其育苗一般可在1月开始。

中、晚熟栽培是晚春或早夏茄子，它是利用春播快速生长的蔬菜收获后栽植，定植时间比早熟栽培的要晚些，生产中争取的是总产量高，因此多选用中、晚熟品种，如北京七叶茄、北京九叶茄、天津大民茄、新乡糙青茄、徐州长茄、辽茄2号、吉茄1号等。由于定植时间较早熟栽培为晚，所以育苗也晚，利用比较简单的保护地设施即可进行育苗。其育苗多在2月中旬前后。

露地夏播茄子在黄淮海一带又称麦茬茄子。它是在露地育苗，小麦、油菜或春提早蔬菜如甘蓝、大蒜收获后定植。这一茬茄子集中上市期正是8~9月的蔬菜小淡季，对市场均衡供应起着积极的作用。由于这茬茄子生产从育苗期就一直处于喜温果菜的露地生产的适宜期，生产上不必使用什么特殊设施，技术上容易掌握。但是一旦进入炎热多雨的夏季就对茄子的生长不利，但门茄采收后就进入秋季，气候比较适宜于茄子的后续生长。由于这茬茄子依靠的是中后期的产量，因此，必须采用中晚熟品种。茄子的果形和颜色应适应当地的消费习惯。品种最好还要具备较好的耐热和抗病能力。

**特别提示**

茄子不宜连作，在露地多次作茬口安排中，华北、东北、华中、华东为一年两次作，其土地茬口多为早茄子－大白菜；一年三次作区，土地茬口多为早茄子－早萝卜－晚白菜或菠菜；一年四次作区，土地茬口多为菠菜－早茄子－小白菜－秋甘蓝；一年多次作土地茬口多为2月小白菜－小白菜－早茄子、瓠瓜－早秋白菜－白菜。露地茄子的茬口安排均适于保护地，但要根据设施的性能、市场需要、生产者的技能及条件调整安排茬口。

## 70 茄子无公害栽培的技术要点有哪些？

**基地选择** 无公害茄子栽培，应该选择生态环境条件符合无公害茄子生产要求的无公害蔬菜基地进行。

**品种选择** 选用抗病虫、抗逆性强、适应性广、商品性好、优质高产的优良品种，如：紫杂3号、茄杂1号、宣紫1号、巨星2号、辽茄3号、天津快圆茄、北京茄王等。以减少病虫害发生，控制农药污染。

**嫁接育苗、培育壮苗** 为了有效预防黄萎病、根结线虫等土传病害，尽量采取嫁接育苗措施，培育壮苗。播种前对种子进行表面消毒灭菌处理，以预防种子传染病害。先用冷水浸种3～4小时，然后用50℃的温水浸种0.5小时，浸后立即用冷水降温晾干后备用，或用300倍福尔马林浸种15分钟，用清水洗净后晾干备用，可防褐纹病。用50%多菌灵可湿性粉剂500倍液浸种2小时，捞出洗净后晾干备用，可防黄萎病。严格控制病苗进入生产田。

**选择非连作土壤** 定植选择近3年没种过茄科蔬菜的地块种

植，结合整地每亩施腐熟圈肥 5000～7000 千克，过磷酸钙 15～20 千克，硫酸钾 10～15 千克，硫酸按 30 千克。为改善通风透光条件，减少雨季由绵疫病等病害而造成的烂果，应采用高畦栽培，且采取大行距、小株距的定植形式。定植前，在定植畦内做成顶宽 90 厘米、底宽 120 厘米的高畦，定植时，在畦上按 60 厘米的行距开沟，栽苗时顺沟施入部分基肥并与土壤充分混匀后浇水，然后按 30～50 厘米（极早熟品种 30 厘米、晚熟品种 50 厘米）的株距坐水稳苗，待水快渗完时用沟两侧的土封沟，定植深度以土坨与畦面略平或稍深为宜。为防止黄萎病的发生，定植穴可用 50% DT（琥珀酸铜）可湿性粉剂 350 倍液浇灌。

**田间管理** 及时摘除病、虫叶和病、虫果，拔除重病株，以防传病。在进行以上操作后，或在整枝打杈前要用肥皂水洗手，以防传染病毒病。定植后如土壤干旱浇一次缓苗水，但水量不宜过大，此后以耕代浇进行蹲苗。门茄瞪眼时结束蹲苗，浇一次催果水。对茄及四母斗茄子迅速膨大期，应 4～6 天浇一水。在茄子的整个生长期不可大水漫灌，雨季要注意及时排涝以防烂果。门茄膨大时，追施一次催果肥，结合浇水，开沟每亩追施硫酸铵 15～20 千克或磷酸二铵 8～10 千克。对茄及四母斗茄膨大期每隔 10～15 天追肥一次，每次随水施腐熟粪肥 1000 千克或尿素 10 千克、结合中耕，适时培土，以防风把苗刮歪及结果盛期植株倒伏。

**特别提示**

病虫害防治综合运用农业技术措施，首先减少病虫源，降低发病几率。其次创造不利于发病的生态条件，使有病不发，不流行。一旦发生病虫害，则以“综合防治结合生物防治为主，化学防治为辅”为原则进行防治。

## 71 露地茄子如何无公害栽培?

华南地区可全年栽培；长江流域、华北地区于终霜后露地育苗，终霜后露地定植；东北、西北等无霜期不足150天的寒冷地区，都于终霜前在温室或温床育苗，春末夏初定植。

根据当地的栽培特点和消费习惯，选择适销对路的优良抗病品种，培育无病壮苗。茄子生长期长，必须深耕与重施基肥，每亩施腐熟农家肥5000千克，2/3作底肥，1/3定植时沟施。北方一般采用垄作或小高畦，垄底宽50~60厘米，垄高10~13厘米。南方多雨地区宜采用深沟窄畦的方式，一般畦宽1~1.3米，沟深20~30厘米。茄子的栽植密度应根据品种生长期长短而灵活掌握。一般早熟品种每亩栽3000~3500株，中晚熟品种每亩栽2500~3000株。茄子的定植期必须在晚霜后，土壤温度稳定在13~15℃以上，宜选晴朗无风的天气定植，定植时垄顶开沟，定植沟内每亩施磷酸二铵30千克，定植苗要求带大土坨保护根系，按苗距30~40厘米摆放，覆土时将土坨埋严即可，不宜深栽，定植后浇水稳苗。

定植当天浇1次水，水量适中，水后及时中耕松土，以利保墒，提高地温，促进发新根。过5~6天缓苗后浇水，并随水追500千克腐熟圈粪稀提苗，地表见干时及时中耕1~2次，并进行培土、蹲苗。若天气干旱、土壤墒情差时，可在开花前浇一次催花水，水后继续中耕蹲苗。茄子蹲苗期不宜过长，一般门茄达到瞪眼(受精后子房膨大露出花萼时称为瞪眼)时可结束蹲苗，追一次催果肥，浇一次催果水，每亩追腐熟圈粪稀1000千克，或磷酸二铵15千克，结合这次追肥在植株基部培土，以防止植株倒伏。以后每隔4~6天浇一水，保持地面经常湿润，对茄和四母斗茄子迅速膨大后，对肥水的要求达到最高峰，分别随水每亩施尿素10~15千克。进入雨季注意排涝。

茄子的分枝结果比较有规律，按双杈整枝的方法将门茄以下的侧枝全部去掉，只留对茄以上的两个侧枝。露地茄子一般不摘心，使养分合理利用，促进果实膨大。生长后期将老叶、黄叶、病叶及时摘除。茄子是以嫩果为食用产品的，必须掌握适期采收。一般从开花到果实成熟期约有 20 ~ 25 天。

**特别提示**

茄子适于有机质丰富、土层深厚、保水保肥、排水良好的土壤，茄子栽培以高畦或高垄整地为好。上茬作物收后，深翻 30 厘米左右，最好能经过冻堡和晒垡，以利于土壤养分分解，减少病虫害。茄子喜肥耐肥，生长期长，须深耕重施基肥，促进产量提高，防止早衰。

## 72 露地早春茄子如何栽培？（视频 17）

北方地区露地茄子早春育苗苗龄一般长达 80 天以上，南方地区需要 100 天以上。适宜的育苗期应根据当地适宜的定植期向前推 100 ~ 120 天进行播种，播种过早，秧苗易老化。露地茄子早春定植，必须待晚霜过后，土温稳定在 13 ~ 15℃以上时开始。定植过早易受冻害或寒害。但为了争取早熟，在不受冻害的情况下应尽量适时早栽。

茄子根系再生能力差，定植时尽量带土移栽，最好采用容器育苗。茄子定植后，应及时进行中耕除草，创造良好的土壤生态条件；及时灌水和追肥，保证水分和养分供给；根据栽培目的和栽培方式，确定适宜的种植方式，保留适宜的结果枝，及时抹除基部杈枝，摘除老叶、病叶等，在不适宜的季节栽培时采用有效措施防止落花和畸形果的产生，及时防治病虫害。

在定植初期中耕是促进缓苗的重要技术措施，在茄子封垄以前也是调节土壤湿度与表面结构的重要措施。中耕的技术关键是掌握适宜时期和深度。适宜时期是指中耕时地不湿不干，中耕后土壤湿而不黏，细松能保墒。适宜的深度应掌握在土壤表层 10～15 厘米内进行，掌握前期稍深、中期深、后期浅的原则，根系范围小时适当深耕，根系范围大时适当浅耕，避免中耕伤根。在生长前期，植株封垄前应进行一次深中耕，深度可达 15 厘米，这次中耕可结合深施基肥，并适当培土以提高保水、保肥能力和克服植株倒伏。而到后期的中耕，深度为 3 厘米左右，尽可能减少根系损伤。中耕的技术要点是细致周到、均匀一致。

**特别提示**

遵循以上原则和技术要点，定植后要及时进行中耕，中耕深度宜 7～8 厘米，在茄子的株间用镐刨松，用锄铲细，使茄苗周围表土疏松，促进根系下扎。缓苗后，每当浇水后或大雨后，都要在适宜中耕的时期进行中耕，防止土壤表层板结露墒。植株封垄后一般不再中耕，以免损伤枝叶。

## 73 早春茄子门茄开花坐果期如何管理?

早春露地茄子定植时，由于外界温度偏低，特别是夜间往往低于 15℃，而茄子在 16℃以下就不能正常授粉受精，发生低温性生理障碍，引起落花、落果。由于低温、高湿，容易引发灰霉病，严重时会导致门茄腐烂、脱落。门茄长到瞪眼期时可开始追肥浇水，水一定要浇透。如果门茄没坐住就浇透水，由于水凉易降低地温，影响茄子坐果，易引起落花落果。根据露地早春门茄落花落果的原因，在栽培上应做好防落花落果工作。首先，在开花的当天必须用防落素蘸花，气温在 15～20℃时，用 40～50 毫克/升；气温在 20～30℃时，用 30～40 毫克/升。为了防止灰霉病发生，在激素里加0.1%的农利灵或速克灵，有一定的防治效果。门茄开花坐果期水分管理以控为主，结合中耕适当蹲苗。浇开园水必须在门茄坐住后(茄子长到3~4厘米时)进行，要浇透；但田内不要有积水。

## 74 早春茄子结果期如何科学施肥？

茄子的生长期长，植株生长量大，产量比辣椒和番茄都高，因此，在重施基肥的基础上还要合理追肥，这是获得茄子优质高产的主要措施之一。进入结果期后，尤其在门茄开始膨大时，可追施一次较浓的粪肥或氮、磷、钾专用复合肥，每亩施有机肥1500千克或复合肥30~40千克。因为茄子的着果有周期性，在整个结果期间有2~3个周期，而周期起伏的程度与施肥量及追肥次数有关。一般来说，多施肥、勤施肥，其周期的起伏就不太明显，产量提高；而施肥量小和追肥次数少，周期性的起伏就大，导致产量降低。因此，在结果盛期，应每隔10天左右追肥1次，每次每亩施专用复合肥10~15千克或稀薄粪肥1000~1500千克。由于茄子的根系入土较深，因此追肥方法宜采取深施，能提高肥料利用率。在选择粪肥时，因茄子的生育对牛粪尿颇有偏爱，故在其生长过程中常追牛粪尿，不仅能促其旺盛生长，而且具有抵抗病虫害的作用。每次追肥的时期应抢在前批果已经采收、下批果正在迅速膨大的时候，抓住这个追肥临界期，能显著提高施肥效果。

此外，因茄子叶片大，必要时可进行叶面追肥；尤其在地膜覆盖的情况下，更应重视叶面追肥，追肥种类可选用磷酸二氢钾和尿素的混合液，前者浓度0.2%，后者浓度0.1%，能起到保苗壮果的双重作用；也可用20%~30%牛尿喷施，增产效果显著。

**特别提示**

植株的营养状况可以根据花的形态来判断，花的雌蕊比雄蕊长时表示营养正常；雌蕊变短而形成短柱头时则表明营养状况不良，遇此情况应及时追肥补充养分。

## 75 早春茄子结果期如何浇水?

结果期是需水最多的时期，应重浇一次“壮果水”，以促进果实迅速膨大；至采收前2～3天，还要轻浇一次“冲皮水”，促使果实在充分长大的同时，保证果皮鲜嫩，具有光泽，以后在每层果实发育的始期、中期及采收前几天，都按此要求及时浇水，以保证果实生长发育的连续性，但每次的浇水量必须根据当时的植株长势及天气状况灵活掌握。总的来说，浇水量随着植株的生长发育进程而逐渐增加；而每一层果实发育的前、中、后期，又必须掌握少、多、少的浇水原则。

**特别提示**

浇水可采取沟灌。但前期只能灌畦高的1/2；中期可灌畦高的2/3；后期可近畦面，不可漫灌。为了配合水分和养分的管理，并准确掌握灌水标准，每层果的第1次浇水最好与追肥结合进行。

## 76 茄子越夏期间应如何管理?

露地长季栽培茄子，越夏期间正是盛果期，但外界环境温度高，光照强，常伴有干旱或暴雨，容易引发落花落果、果实日烧、病虫害流行，应加强栽培管理。

首先，应加强肥水管理。越夏期间谨防干旱，应及时浇水，保持土壤经常湿润；大雨暴雨时注意排水防涝，并在雨后及时用清凉井水浇园。结合浇水，根部追肥，促进茎叶生长和果实发育。

第二，采取必要措施，降低田间土壤表层温度，可在垄间铺秸秆，降温降湿，抑制杂草，防止草荒，防止烂果。

第三，合理整枝打杈，注意枝叶对果实形成覆盖，防止日烧。

第四，注意防止高温暴雨引起的落花落果，尽量将未坐果的花调整到叶的覆盖下，防止暴雨冲刷花粉而影响坐果。使用植物生长调节剂处理，防止落花落果。

第五，及时摘除植株下部老叶和病叶，减少病虫源，并避免因雨水拍打地面溅起泥浆而引起发病。及时防治病虫害，保护枝叶安全越夏。

**特别提示**

越夏后，气候转凉，露地长季茄子又进入第 2 结果盛期，应继续加强管理，以获得后期产量。越夏后的管理重点是加强肥水管理，及时整枝打杈，及时摘除病叶老叶，防治病虫害。

## 77 露地夏茄子如何栽培?

选择生长势强、丰产性好、耐高温、抗病毒病的茄子品种。选择地势高燥、土壤肥沃、排灌方便，近 3 年内未种过茄果类蔬菜的田地作苗床，并做成高畦。播前 2 周进行苗床消毒，并喷二次虫田乐，防治地下害虫，同时每平方米施入 30 克复合肥，待播。每亩大田需苗床 10 平方米 ，需种子 10 ~ 15 克。播种期一般以 4 月下旬至 5 月上旬为宜。播前对种子进行温汤浸种，用 55 ~ 60℃水浸 20 分钟，然后在室温下再浸 5 ~ 6 小时。捞起种子拌干泥灰，均匀撒播于畦上，用细土覆盖 1 厘米厚，浇适量水，再覆盖地膜保温保湿，1 周左右即可出苗。出苗后要及时揭去地膜，防徒长。子叶展开后，要去掉弱苗、小苗，并结合根外追肥防治病害，用 0.3% 磷酸二氢钾加 50% 百菌清 500 倍液，或代森锰锌，或苗菌敌等药液喷洒幼苗，整个苗期按照生长情况连喷 2～3 次。

每亩大田施农家肥 3000 千克，三元复合肥 40 千克，过磷酸钙 25 千克。农家肥沟施，其余肥料全层撒施。施肥后做成宽 140 厘米(含沟)、高 25 厘米的畦，待定植。

定植时间以 5 月下旬至 6 月上旬为宜，苗龄 30～35 天，具真叶 4 片。每亩定植茄子 1200 株左右，畦面种 2 行，株距 70～80 厘米。要挑选大小一致、无病虫、节间短、色绿叶厚的健壮秧苗定植，或将大小苗分级定植，防止大苗挤小苗，使之生长一致，方便管理。起苗时要尽可能多带土，少伤根，定植最好在阴天或下午 3 时后进行。定植后浇 0.1% 尿素液作定根水，以利成活。

采果 2 次后开始追肥，以后每采 2 次追一次肥。追肥每亩用尿素 5 千克和复合肥 15 千克，可穴施，也可浇施，适当配施叶面肥。结果期正是高温季节，要充分供给水分。茄子门茄坐住后，去掉下部侧芽及老叶、病叶，保持下部通风透光，以后还需陆续打叶，最好是茄子摘到何处，叶子打到何处，并清理出田间集中烧毁。

**特别提示**

从 7 月底开始，就可采收。从开花到开始采收约需 15 天左右，门茄、对茄等前期果要尽早采摘。采摘过迟会影响植株和以后茄子的生长。进入旺果期每隔 3～4 天采收一次。同时要考虑植株长势，长势过旺时，应略推迟采收；长势弱时，可适当提前采收。

## 78 夏秋茬茄子如何栽培?

夏秋茬茄子是供应8、9月淡季的重要蔬菜。其生育期跨越盛夏高温季节，栽培管理措施一定要有针对性。品种选择选择耐热、抗病、高产的中晚熟品种，如鲁茄2号、济丰3号等。

培育壮苗。山东省一般在4月下旬至5月上旬露地阳畦育苗，播种前5~7天进行浸种、催芽。播种时，畦内灌足底水，水渗后畦面先撒一层细土，然后将种子掺上细湿土均匀撒播，播后覆细土2厘米，等茄苗长到2~3片真叶时分苗，苗距为10厘米×10厘米，分苗后及时浇水，浇水后或降雨后要及时在床面上撒干营养土。

定植及定植后管理。选择4~5年内未种过茄科蔬菜、容易排灌的地块，亩施优质农家肥5000千克以上、磷酸二铵40千克，然后做垄，行距为60厘米，按株距40厘米栽苗，宜深栽高培土。秧苗栽好后随即浇水，定植第2天或第3天需再浇1次水。缓苗后要及时中耕、蹲苗。雨后立即排水，防止沤根。为减轻茄子绵疫病等病害的发生，可喷一遍200倍液石灰等量波尔多液。

始花坐果期管理。在门茄开花至坐果期，应控制浇水，进行一段蹲苗。但为避免过分干旱引起落花，也需适当浇水。在雨后或浇水后及时进行中耕，门茄坐住后及时追肥、浇水，整枝打杈，去掉门茄以下叶，追施粪水，每亩1000~1500千克，以后每层果坐住后都要追一次肥，每次亩施尿素20千克、磷肥15千克、钾肥100千克，为减轻茄子绵疫病和褐纹病的发生，应定期喷百菌清、代森锰锌或波尔多液。

**特别提示**

结果期正处在雨季，管理的重点是保果、保叶。及时摘除茎部老叶、病叶，定期喷药防治绵疫病、褐纹病以及蚜虫、茶黄螨、红蜘蛛。为满足茄子植株对养分的需要，一般每隔10～15天随水追施1次硫酸铵，每次每亩10～15千克，结合喷药，加0.3%的尿素或0.2%的磷酸二氢钾作为叶面追肥，效果更好。雨季期间要注意及时采收果实，不仅有利于提高产量和品质，也能减少雨后烂果。

## 79 露地秋茄如何育苗?

露地春茄一般在3月下旬至4月中旬定植，5月下旬至7月中旬采收，7月中旬以后由于受高温影响，植株大部分不能越夏。为了满足消费者秋季对茄子的需求，发展秋茄种植可获得较好的经济效益。

选用早熟、耐热、高产的品种。选用高燥、土质疏松、排灌便利的田块作苗床、按每亩大田留苗床4～5平方米的比例留好播种苗床，播种前施腐熟有机肥、与土壤混匀整细后做成1.2米宽、25厘米高的畦面，然后用生石灰100千克进行土壤处理后待播。

一般以5月底至6月初播种为宜，过早播种定植也早，病害严重，且遇高温坐果困难。过迟则在开花结果后期遇低温霜冻，影响总产，播种可先催芽，也可直播，但播前必须浸种消毒。播前一天用百菌消500倍液将苗床浇透，按每平方米苗床播种子6～8克的比例安排。播种后覆盖细土再盖稻草，并搭好小竹棚，晴天白天覆盖遮阳网，雨前盖好薄膜，特别是晴天的高温暴雨，一定要在雨前用网膜双覆盖，若一旦被暴雨淋苗，将导致育苗失败。

秋季茄子用营养钵育苗尤为重要，因为秋茄定植时间在8月上旬，土温高，常规育苗定植时伤根严重，易导致病毒病和青枯病的流行，将造成减产甚至绝收，所以当秧苗达到二叶一心时即可选用规格10厘米×8厘米的营养钵及时分苗、每钵移苗1株。

**特别提示**

育苗期间视天气状况及苗情合理进行对遮阳网揭、盖的管理，尽量降低气温和地温，保持苗床湿润，以傍晚或清晨洒水为宜，定植前，逐渐缩短盖网时间以利炼苗。

## 80 露地秋茄定植前后如何管理?

种植茄子忌重茬，种植地前茬不能是种过茄科作物的，地势要高燥、排灌良好的沙土、壤土和黏质水稻土，前茬在7月下旬前收获后要及时翻耕晒垡，消除残枝败叶。每亩施腐熟粪肥3000千克、复合肥25千克，结合整地深施、做好宽1.3米的畦。

7月底至8月初，当苗龄45~50天就要定植，一般要求苗高20~22厘米，4~5片基叶，带蕾定植，选阴天或晴天下午4点钟以后定植，每畦两行，株距0.4米，每亩栽植2000株以上，边栽边浇水，在浇水时加多菌灵，以防病菌从伤根处侵入。

茄子定植初期，以促为主，每5~7天追1次稀薄粪水或复合肥水，每次每亩施复合肥5~7千克。待坐果后，幼果开始膨大时，可加大肥水管理，追肥以尿素为主，每次15千克，结合叶面喷肥，促进开花、结果和茎叶旺盛生长。

水分管理坚持前期保证土壤湿润，中期控制湿度，后期要求较高的空气湿度和土壤湿度，秋季南方台风频繁，茄子植株易被风吹折断，要在植株坐果后插小杆，并捆绑支撑。

秋茄的主要病害有猝倒病、病毒病、青枯病；虫害有蚜虫、茶黄螨、红蜘蛛等。除及时采用药剂防治病虫外，还应注意通风排湿，及时摘除老叶、病虫叶片，并清理出田外集中销毁。

**特别提示**

9月上旬开始采收果实，2~3天可采收1次，采收的标准主要是看萼片与果实相连接处的白色环状带，若不明显，表示果实生长较慢，即可采收，秋茄可以一直采收到11月下旬打霜为止。

## 81 茄子露地秋延后栽培如何确定育苗期？

茄子为喜温蔬菜，既不耐霜冻，也不耐长期高温。所以，秋延后茄子的育苗期可以在高温期有简易遮苗的保护条件下进行，定植期应尽量避过高温期，并保证茄子在霜冻来临前能至少采收2~3层果。

露地秋延后茄子一般7月底至8月初播种，苗龄40~50天，由播种期加上苗龄即为定植期，育苗时正值阳光较强，应采取遮荫措施。播完种后在大棚上盖好遮阳网，两边通风。待65%左右的种子发芽后，及时揭去稻草。齐苗后晴天每天上午8~9时盖上遮阳网，下午4:00~5:00揭开。土壤过干应洒水；要做到见干见湿。密切注意天气变化，严防闷热天气烧苗。齐苗后用75%百菌清防治猝倒病一次。一般在8月底9月初，选择多云或阴天下午进行定植，一次性浇足定植水。

## 82 如何进行露地茄子套袋栽培？

夏季炎热多雨，茄子病虫害严重，导致大量烂果，且随着农药用量的增加，药残远远超标。为了解决这一问题，用茄子套袋技术是一种好方法。具体措施如下：

一般选择具有防水、防晒、防菌、防虫性能的红色纸袋，以提高果面光洁度。每次套袋前给茄子喷洒一遍扑海因或杀毒矾，以起到杀菌、净化果面的作用。

套袋时期选在茄子瞪眼期，套袋时间应在晴天上午 8 时以后到下午 5 时以前进行。套袋方法：套袋前将整捆纸袋放于潮湿处，达到潮润柔韧，使用方便；在套袋过程中，尽量让幼果在袋内悬空，捆扎不要过紧，否则影响其生长。

套袋茄果应进一步加强肥水管理和叶片保护，以维护健壮的植株，满足果实生长需要。除正常的肥水管理外，还要 7 ~ 10 天喷施一遍光合微肥。在 7 ~ 8 月防治烟青虫及棉铃虫时，注意观察幼果的生长情况，尽量避免茄子遭受虫害。茄子结果后期，每天每亩冲施碳酸氢铵 15 公斤，可延长茄子结果期，提高整齐度。

**特别提示**

开花后 20 ~ 23 天，茄子萼片处果面色泽和白色环带由亮变暗、由宽变窄时即可采摘。因为套袋茄的果面变化不易观察，所以应注意记下套袋及开花时间，以免生长期过长而影响经济价值。茄子可连续结果，采收后纸袋可重复使用。

## 83 什么是茄子密植速成栽培？实施时要注意哪些技术问题？

茄子密植速成栽培法是将茄子栽培密度由每亩 3000 株左右增加到 5000 ~ 6000 株，使早期产量大幅度增加，占地时间缩短 20 ~ 30 天，经济效益明显提高。

(1)选种。选用果型较大的早熟品种，如糙青茄，“门茄”坐果早，果实生长快，带蕾定植 45 天左右即可采收。“门茄”平均单果重 300 克左右，“对茄”可达 400 克左右，每株留 6 ~ 7 个茄子打顶，单株产量 2 千克以上。

(2)培育适龄壮苗。豫北地区一般在 12 月上中旬育苗，立春前采用营养钵分苗，定植时苗的大小以7~9片叶、大部分现蕾、少数开花为宜。

(3)高度密植。采用宽垄双行密植栽培，垄距80厘米左右，垄两侧栽苗，株距27~33厘米。每亩栽5000~6000株，这是早熟高产的核心措施。

(4)严格整枝。除在“门茄”生果后及时摘除下部赘芽外，“门茄”采摘后还要及时进行整枝和摘老叶，整枝方式依栽植密度而异。每亩4000棵的在“四母斗”以上留2片叶摘心。每亩5000棵的双干整枝。即将“对茄”两侧出现的一对分枝，各去掉一个，在“四母斗”或“八面风”以上打顶，每株留“门茄”1个，“对茄”、“四母斗”、“八面风”各2个，共5~7个。每亩7000棵的每棵只留“门茄”2个；在“对茄”上面留2~3叶打顶。这种方式早期产量高，占地时间短。

**特别提示**

露地栽培茄子一般不整枝，按照茄子分枝习性保留各级分枝生长和结果。茄子适当进行整枝，有利于形成良好的个体与群体结构，改善通风透光条件，提高光合生产率。所以在保护地栽培中，为了增加密度，提早结果和使结果期适当集中，常进行整枝栽培。

## 84 延长茄子采收期有哪些措施?

茄子大量开花结果后，根系的吸收功能逐渐下降，病虫害的发生和危害不断加重，从而导致长势衰退，开花结果量减少，开花结果期缩短，产量大幅度下降。生产中可采取以下5项栽培管理措施来控制或延缓植株长势衰退，减轻病虫危害，确保茄子连续开花结果，延长采收期，进一步提高产量和品质，增加经济效益。

**整枝去叶** 当茄子进入开花结果期后，应经常修整植株，剪去不开花结果的无效分枝和生长过密的分枝，同时去除植株中下部病、老、黄叶，从而减少养分的消耗，确保植株间通风透光，提高光合效能。

**及时追肥** 茄子开花结果后，应根据植株长势，每隔 15 ~ 20 天追 1 次氮磷钾复合肥或生物有机肥以满足植株生长发育的需要，防止因养分供应不足而早衰，一般每次每亩施总含量 45% 的氮磷钾复合肥 15 ~ 20 千克或总含量 20% 的生物有机肥 30 ~ 40 千克，方法是在植株间挖塘深施肥料，或对水淋施于植株根部。

**防病治虫** 茄子的病害主要有灰霉病和疫病，虫害主要有蚜虫、茶黄螨、白粉虱和茄黄斑螟(蛀梢虫)等，如不及时防治，会加快植株长势衰退。在茄子生产中，应根据病虫发生情况，及时防治。防治方法是将药液喷到所有叶片的正反面和果实上，并且每次都使用不同的农药品种，交替防治，以确保防治效果。

**根外喷肥** 在茄子开花结果盛期，应结合防治病虫，根外喷施硫酸镁、硼肥等微量元素，和多元磷酸二氢钾、802 等植物营养液，以迅速提高植株的营养水平，保持功能叶片浓绿和较高的光合效能，防止或延缓长势衰退促进茄子连续开花结果，提高产量和品质。

**特别提示**

茄子生长期间，由于雨水冲刷和多次浇灌水，会造成植株根部裸露，应经常采用腐熟的粗杂肥或其他泥土培土护根，促进新根发生和保护根系，增强植株的吸收功能。

## 85 茄子怎样摘叶才能高产？(视频 18)

在茄子的栽培过程中，往往忽视科学采摘茄叶，造成产量不高或即使有一定的产量，但商品率不高等现象。实践证明，在同等的肥水管理条件下，进行合理科学地摘叶，可以延长茄株的采收期，提高产量和品质，增加经济效益。

**苗圃的叶片管理** 11月中旬播种，用尼龙薄膜覆盖育苗。日最高气温低于17℃时，日夜覆盖薄膜；日最高气温高于17℃时，日揭夜覆，或白天揭两头通风、晚上覆盖，到翌年的2月下旬，霜期结束后移植大田。此时的幼苗以二叶一心到三叶一心之间最合适，起苗时要多带根系，保护好子叶和真叶。从播种出苗到移植大田期间，不摘叶，并要保护子叶，以便培育出壮实幼苗。如果在幼苗出圃时，有带花蕾的幼苗或脚叶黄化了的幼苗，则应把花蕾和黄叶摘掉，并检查是否有分枝生长，如有分枝，留最上面的1条，其余的摘掉。

**立夏前的叶片管理** 茄苗移栽大田后，随着气温的逐渐升高，植株的长势也逐渐增强，此段时间收获的果实主要是门茄和对茄，但此期叶片量还不够茂盛，摘叶次数也相对比较少，一般10天左右1次。当门茄(即茄株挂的第1只茄子)果实长度约2~3厘米时，茄子下面叶片的叶腋处已长出2~3条枝梢，此时应进行第1次摘叶，只留茄子以下2片叶和相应的2条分枝，其余的叶片及分枝全部摘掉；摘叶时从叶柄中央折断取出叶片即可，残存在植株的一小段叶柄1周后会自然脱落。

第2次及其以后的摘叶规则是：一般2~3片叶带1只茄果，当茄子果实成熟采收后，应把被采果以下的叶片全部摘掉。在按照上述摘叶原则的基础上，还应把病叶、黄花叶、弱花、细梗花、病果一并摘掉，而遇簇生花，则留最基部的1朵壮花，其余的摘掉。

**立秋前的叶片管理** 夏季气温高，茄株生长茂盛，花量、果量都大，此期是取得产量的重要时期，此段时间收获的果实主要是四母斗茄和八面风茄，由于挂果量相当大，如不及时摘叶控势，极易造成落花落果和由于荫蔽所带来的严重的病虫危害，直接影响到果品的商品率和产量。在此段时间里，一般 4 天左右采收 1 次果，每次收果后，及时把被采果以下的叶片全部摘掉，同时摘掉荫蔽枝条、病叶、黄叶、细梗花、多余的簇生花、弱花、病果、畸梗果和变形果；并及时竖桩牵枝，每 1 株竖 1 条小木桩，木桩与木桩之间用小木棍相连并扎实，然后把茄株的枝条都固定在木桩架上，以防止倒伏、减少荫蔽，增加叶面的空间和受光面积。

**收获结束前的叶片管理** 立秋到 9 月中旬期间的气温还比较高，茄株的生长量与夏季差不多，它的摘叶规则与夏季相同。9 月中旬后，随着气温逐渐下降，茄株的长势也有所下降，摘叶量比前期少，大约 7 天摘 1 次，一般情况下，每只果下边常带 2 条分枝，要求只留 1 条比较粗大的枝条，其余的疏掉；及时摘去黄化叶片、病叶、弱花、簇生花、病果、畸形果等；适当疏花疏果，树势壮的少疏，树势弱的应多疏，大约疏至平均每条枝条最多带 1 果 1 花。

**特别提示**

实践证明，采摘茄叶技术操作简单，容易掌握，省时省工，节约农药成本，减少农药残留污染。在同等的肥水管理条件下，进行合理科学摘叶的茄株采收期可延长到 12 月份(直到霜冻来临前结束)，茄子亩产量增加 2000 千克以上，商品率高出 20%以上，以平均价每千克 0.6 元折算，亩产值可增加 1200 元以上。

## 86 茄子单干整枝和双干整枝各有什么特点？（视频 18）

由于茄子植株的枝条生长及开花结果习性相当规则，其调整方式相对较简单。

单干整枝就是在茄子每次分杈时，都去除弱分枝，保留强分枝，植株生长期始终保留一个结果枝。

双干整枝，就是在茄子植株第1次分杈时，保留两个分枝同时生长，以后每次分枝时只保留一个分枝而去除另一个分枝，使植株整个生长期保留两个结果枝。

自然开心整枝法属于双干整枝法，在每层分枝处保留斜向生长或水平生长的两个对称枝条，对其余枝条尤其是垂直向上的枝条一律摘除。

整枝时期是在门茄坐稳后，将门茄以下所发生的腋芽全部打去，在对茄和四母斗茄坐稳后又将其下部的腋芽全部摘除，以便能使营养集中供给果实发育的需要。四母斗茄以后除了及时摘除腋芽，还要及时打顶摘心。这样，能保证每个单株收获5～7个果实。

## 87 什么是茄子“V”形整枝?

传统的茄子栽培是以水平低棚整枝方式为主，常出现枝叶拥挤、田间通风及透光不良的现象，茄子产量不高，品质也不佳。茄子“V”形整枝栽培技术可以改变这种状况。

该方法主要是在植株定植后进行主干除蘖工作，促使第1朵花着生节位高达50～60厘米，其下自然形成两个分枝。这两个分枝在着生2～3片叶以后再各自长出分枝，留此4个主枝为结果母枝，分别牵引使其与主干成“X”形。以后对主干下部发出的侧芽、叶片均应及早摘除，以节省养分及保持田间通风、透光。

采用“V”形整枝法后，植株的每个结果母枝营养供应充分且均匀，结果数量大大增多，平均每枝可结果6～8个，因此要用支架支撑其重量。支架的搭建以在茄子主干两边为宜，使用竹竿斜插成“V”字状，高度约为2米，每支竹竿间隔2.3～2.6米，然后再用细竹竿横向缚于“V”字支架上，高度为110～130厘米。此时因结果母枝尚短，未能生长至横支架上，应用塑胶绳牵引，直到结果母枝生长至横支架上时，再将结果母枝上的塑胶绳改系于横支架上。在茄子的结果母枝上，每片叶的叶腋处发出的侧芽为结果短枝，在其结果后进行摘心，以使养分充分供应茄果生长。采收茄果时，应在近结果短枝基部侧芽上方剪下，促使其基部侧芽再生长成结果短枝，此枝生长 20～30 天后便可开花结果。

**特别提示**

茄子整枝方式以水平式双干、三干整枝法为主，其采收及通风性较差且易滋生病虫害。"V"形整枝的茄子生育结果期甚长，除施有机肥料作基肥外，结果期间每隔 15 天，每亩施用复合肥 25 千克，钙镁磷肥 10 千克，并视生育及结果情况加以调整。与一般整枝法相比，"V"形整枝法的茄子产量高，品质佳，茄子弯曲少；通过调整产期，可提早结果期，采收期长达 11 个月；作业方便，喷药、采收较容易；通风，日照充足，病虫害发生减少；减少喷药次数和数量，降低成本，提高品质。

# 茄子塑料大棚栽培

塑料大棚栽培茄子，延长了茄子生产时间，如早春大棚茄子可比春季露地茄子提早1个多月上市。而且由于大棚内水、气、温度等条件可进行适度调节与控制，对茄子的生长更为有利，产量也可得到明显提高。随着各地栽培技术不断提高，设施条件不断改善，许多地方用双层覆盖、三层覆盖，以及采用地热线提高地温或增加一些临时加温设备，茄子已实现了周年生产，全年供应市场，经济效益提到了极大的提高。

## 88 塑料大棚栽培茄子怎样安排生产季节?

**早春茬** 在江苏、浙江一带一般于9月下旬10月初播种育苗，翌年2月初定植，3月上市，7月拉秧。东北北部及内蒙古北部，1月上中旬育苗，3月上中旬扣棚，4月上中旬定植，5月上中旬上市，可延续至7月末。东北南部、华北及西北地区，可比上述地区提前5~10天育苗，定植及扣棚时间可提前15天以上。华东、华中地区，育苗、定植、扣棚时间可再提前15~20天。

**春茬** 选用抗病性强、耐低温、果实膨大快、中早熟的品种。一般情况下南方江浙地区、北京地区、华北地区冬季12月份育苗，翌年3月份定植，4月中下旬开始上市，比日光温室春茄晚上市约20天。如北京地区春大棚栽培，12月上旬至下旬温室播种育苗，3月下旬至4月上旬定植。

**秋茬** 选择既耐低温又耐高温、抗病性强、耐贮藏的中晚熟品种。东北中南部7月上旬育苗，8月上旬定植，9月下旬直至11月上旬上市。华北、西北地区6月中旬育苗，7月中旬定植，9月上旬至11月下旬拉秧。华东、华中及中部地区，7月上旬育苗，8月上中旬定植，9月下旬至翌年2月下旬拉秧。7月上中旬开始育苗，8月上中旬定植。霜冻前把果实全部采收完，然后进行贮存，在新年前后上市销售。长江中下游流域，5~6月底育苗，6~7月底定植，9月下旬覆盖薄膜，8月上旬至9月初始收，采收期可延长至11~12月。华北地区，一般7月上中旬育苗，8月中下旬定植，采收期为10月下旬至翌年1月上旬。秋季气温下降时，要及时扣棚。

**特别提示**

茄子性喜高温，在果菜类中属于较耐高温的一种，比番茄、辣椒要求的温度还要高，生育的适温是22~30℃，气温低于20℃影响授粉、受精和果实的正常生长。0~1℃即受冻害。当温度高达35~40℃时，花器易发生障碍，形成畸形果。气温45℃以上时，几小时即可使茎叶发生日灼，叶脉间叶肉坏死，部分茎坏死→变细→折断。定植时地温不可低于12℃才安全，生长期间以地温不高于25℃为好。

## 89 大棚茄子栽培有哪些技术要点?

**选用良种** 大棚茄子春茬多采用紫长茄品种，可选用沈茄1、3号、辽茄4号等；延后茄子可用黑又亮，利用潜伏芽春秋连续生产的可选用哈长茄 86－1 号。

**培育壮苗** 根据大棚保温设施（越冬棚、春扣棚棚内二层覆盖、三层覆盖）确定育苗时间，苗龄 100 天左右，定植时要求株高 20～26 厘米，茎粗节短，具有 6～7 片真叶，根系发达，叶色浓绿并带紫色，大部秧苗现蕾。

**整地定植** 一般于头年秋深翻 30～40 厘米，翌年 3 月上旬，整地开沟施底肥，每亩施优质有机肥 7000～8000 千克，磷肥 15～20 千克，钾肥 20 千克，混合均匀施于沟内，整地后也可做高畦，覆盖地膜。当棚内 10 厘米土温稳定在 10℃以上，最低气温不低于 8℃时，选择晴天上午定植，行距 50～60 厘米，株距 26～36 厘米，定植时开沟（刨埯），栽秧，封埯。亩栽 3500～4000 株。

**定植后管理** 地温不足对茄子缓苗不利，覆盖地膜的定植后要抓紧中耕，缓苗后结合封沟（封埯）、培土进行中耕三次，并在土坨外或行间深刨松土，有利提高地温，促发新根。缓苗期要求夜间有较高温度，定植 7～10 天内，要尽量将棚温提高到 25℃，中午可短时间通风换气。缓苗之后，白天棚温应保持 25～28℃，上午当棚温升到 25℃时开始放风，午后及时闭棚蓄热，夜间温度 15℃左右。

**门茄开花时管理** 此时要控水蹲苗，以中耕保墒为主。当门茄坐果后，普遍达到“瞪眼”时蹲苗结束，进行浇水追肥，每亩追硫酸铵 15～20 千克。白天棚温在 25～30℃，夜间气温前半夜 16～17℃，后半夜 10～13℃。一般定植后 25～30 天，门茄即可采收。收获门茄后再浇第 3 次水，浇水后要进行中耕培土，忌大水漫灌，防止棚内湿度过大引起烂果。首次浇水需要加强通风降低湿度。进入盛果期，要防止高温危害，加大通风量，不再关闭天窗，到 6 月份，气温显著升高，要将薄膜卷起只留顶膜，呈天棚状，有利通风、降温。盛果期，要大水大肥，每隔 7～10 天，浇水一次，保证茄子果实的发育，追肥可用化肥、农家肥交替使用，共追肥

3～5次。

**特别提示**

棚内茄子密度大，枝叶茂盛，为了利于通风，要及时将门茄以下的腋芽及叶片去掉，四门斗坐住后及时摘掉以上的生长点，争取前期高产量和集中采收。大棚温度偏低，容易出现落花，最好在开花两天以内用激素处理花朵，为防止重复处理，可加入广告红色做标志。

## 90 大棚冬春茬茄子栽培有哪些技术要点？

大棚冬春茬茄子栽培播期一般在9月中旬，播前晒种7～10天。出苗后白天保持25℃左右，夜晚15℃左右，以防徒长，促根生长。假植后，闷棚升温白天在28℃左右，夜晚18℃左右，以促发新根。活棵后，适当通风降温。栽前5～7天炼苗。定植后要"看天、看地、看苗"浇水，阴天、雨前和表土不发白不浇水，苗叶过嫩少浇水。如需浇水，一次性浇足，使土上干下湿。

定植前要深翻土壤，及时施肥。深挖三沟，灌足底水，对地下水位深的地区，此项措施更为重要，即操作沟深35厘米，腰沟深50厘米，隔水沟深60厘米，以便排水。覆膜前，灌足底水。定植前几天每亩用乙草胺50毫升加敌百虫100克、对水50千克喷洒畦面，起除草、杀虫作用。

11月上中旬，当苗龄50～70天，叶片7～8张时，选冷尾暖头，抢晴定植。每畦植2行，株距35～40厘米，每亩栽植2200～2700株。定植前喷1次杀菌剂，做到带药下田，定植时保证钵土与畦面相持平。定植后，搭盖小环棚及内大棚多功能棚膜。操作沟里铺干稻草，起保湿降温作用。

定植后3～5天闷棚，促缓苗。寒冷季节，环棚上加盖遮阳网和旧棚膜，并在大棚裙膜内侧拉旧棚膜。上午8点后，先揭遮阳网，再揭内大棚膜，然后揭小环棚膜。中午前后大棚要适当通风，棚内温度白天控制在23℃左右遇阴雨天、下雪天，小环棚、内大棚上的覆盖物及棚膜也要揭去，但要适当迟揭早盖。

3月份以前，一般不浇水，不施肥，以防植株受冻。4月份以后，温度高、水分不够，要适当浇水。盛果期开始追肥，每次亩追施复合肥10千克，间隔15~20天。整个生长期追肥3~5次。茄子上市盛期，需肥量大，除追肥外还要作适当的根外追肥，一般每7~10天喷1次。

**特别提示**

为了打破休眠期，先用55~65℃水浸15分钟降温至35℃时浸6小时，洗净黏滑物，晾干后拌0.1%多菌灵待播。定植活棵后2叶期，喷1次植物动力2003溶液，以增强光合能力，提高秧苗的抗寒、抗旱、抗涝和抗病能力。2叶期，一次性假植进钵。

## 91 早春大棚茄子无公害栽培有哪些技术要点?

**药土播种，培育健苗** 茄子出苗前后最易得猝倒病，因此在苗床播种时就要开始预防，有效的预防措施就是药土播种。方法是按每平方米苗床用50%多菌灵可湿性粉剂8克拌15千克床土，充分混合配成药土。苗床浇足底水，水渗后均匀撒上1/3药土，再撒播种子，随后再均匀撒上剩下的2/3药土，这样药土下铺上盖，种子被夹在中间，这样在出苗过程中既保护了下扎的胚根，又保护了向地面伸出的胚轴即苗脖子。也可以在配制的营养土中，每立方米加入50%多菌灵可湿性粉剂80~100克掺拌均匀用于播种，也有一定防效。

**嫁接栽培，增强抗性** 早春大棚茄子黄萎病发生严重，可以采取茄子嫁接的方法防治黄萎病，砧木可选用野生赤茄，防治黄萎病的效果很好。

**科学管理，健身栽培** 实行与非茄科作物轮作，亩施充分腐熟的有机肥2500千克，适当配施磷、钾肥，采用测土配方施肥技术。掌握“低温养苗，高温养果”的原则，合理控制温湿度；茄子生长期间宜勤浇小水，保持地面湿润，采用浇水与放风措施相结合调节棚内湿度，使空气相对湿度维持在75%以下。门茄采收后开始追肥，盛果期结合防病虫根外追肥2～3次。

**高温闷棚，有效灭菌** 6月底7月初茄子陆续上市，茄子价格落差较大，此时早春大棚茄子拉秧灭茬。利用这段时间雨水较少，天气干燥，气温持续较高的有利时机，采取高温闷棚措施，经过连续三年使用，效果显著，病虫害大幅度减轻，农民只需要用药2～3次即可防治茶黄螨等非土传病虫的危害。如果闷棚时由于赶上几天阴雨天，没有达到预想效果，也只是棚内偶尔出现几株茄子黄萎病病株。采用闷棚措施后，土壤要适当施入生物肥料，如多施用有机螯合肥等，茄子生长健壮，着色好，产量高。

**特别提示**

塑料大棚茄子无公害栽培的技术要点有选择无公害基地建立无公害生产环境；培育健壮苗；定植时严格选苗，杜绝病苗进入栽培棚；定植后的加强管理；施肥灌水要求选用无公害肥料，禁止使用垃圾废料，控制氮素化肥，尤其是硝态氮素化肥的用量；禁止使用工业污水灌溉；病虫害防治以预防为主，物理防治、生态防治与药剂防治相结合；药物防治首选生物药物，严格控制化学药物的使用。

## 92 塑料大棚春茬茄子栽培应怎样培育壮苗？（视频 19）

塑料大棚春茬茄子栽培播期选择 12 月中旬至第 2 年的 1 月上旬。用温汤浸种的方法对种子表面进行消毒催芽。播种前苗床土用清水充分浇透，将露白种子均匀撒播，每平方米播种 10～15 克，播完后用事先筛好的细壤土轻轻撒在种子上，以看不见种子为准，厚约 1 厘米，用 500 倍多菌灵及 1500 倍辛硫磷在表土上均匀喷洒，然后用地膜紧贴地面四周压紧，不留缝隙，在出苗前无须浇水。

开始出苗后，应随时注意防止烧苗。中午气温较高时，用竹竿平放在膜下面，使膜与苗之间有 2～3 厘米高的空间。当出苗 80% 时，搭起 50 厘米高的小拱棚，每畦 1 个拱棚，以降低地面的温度和湿度，避免长成高脚苗。早上 9：00～10：00 揭开草席；下午 5：00 以后在小拱棚膜外加盖厚草席，提高棚内温度，防止夜间低温冷害。如果白天气温在 10℃ 以下可不揭开草席，但如果连续几天低温，应在中午揭开草席，将小拱棚两端中避风一端的膜略微掀起，通风换气 10～30 分钟，下午 2：00 将草席盖在棚膜上。

出苗后开始浇 5%～8% 清粪水，大约每个星期一次，苗期不可多浇水，宁干勿湿，每次要浇透水，每平方米施 25～30 千克清粪水。以后逐渐将粪水浓度加高，大粪浓度不超过 15%；也可将复合肥溶化浇施，每亩放用 10～15 千克，复合肥浓度为 0.1%～0.5%。选在晴天上午 10：00～11：00 浇肥，浇完肥后应洒少量清水将叶片上的肥清洗掉。如果叶片有发黄现象，说明缺肥，应缩短施肥间隔期。土壤过干或苗略萎蔫时，选在晴天的早上或下午、阴天中午用喷壶喷施适量清水，气温过低时不能喷水。苗长至第 2 年 4 月初，绝大部分已长成壮苗，即可出圃移栽至大田。每平方米可出苗 3000～4000 株。

**特别提示**

随着幼苗长大，白天应将通风换气时间逐渐加长，通风量也逐渐加大，通过半掀或全掀一端或两端的膜进行调节。在棚内气温与棚外气温相等时(11:00~12:00)，先将拱棚两端中的膜掀起一半，外界气温逐渐升高后将两端膜同时掀起，通风降温。白天棚内最高温度不高于32℃，夜间不低于10℃，极端低温不低于5℃。

## 93 早春大棚茄子如何嫁接育苗?

早春大棚利用野生茄作砧木进行茄子嫁接栽培，并在定植后采取配套的多层覆盖防寒保温措施，不仅提前了采收期，而且克服了茄子黄萎病的危害，生长势旺盛，其抗病增产效果非常明显，亩产一般在7500~10000千克，产值可达8000~10000元。主要技术措施是:

砧木选用野茄二号，嫁接亲和力高，根系发达，长势强劲，抗病率达98%以上，前期生长快，丰产性好。接穗选用早熟性强的天津快圆、茄杂一号、茄杂二号、河北圆杂交等，争取前期产量和产值。

砧木和接穗均播于营养盘内，接穗比砧木晚播10天，覆盖一层塑料薄膜，昼夜气温保持25~30℃。苗期白天温度25~30℃，夜温12~16℃，如夜温不足，可扣小拱棚保温。苗期喷洒1次多菌灵防治猝倒病。砧木一叶一心至二叶一心时进行分苗，将营养盘内的砧木苗栽入10厘米×10厘米的营养钵内。接穗不用分苗，嫁接时从营养盘中直接挖取。

2月下旬，当砧木长有4~5片真叶，株高10厘米，茎粗0.3~0.4厘米，接穗有3~4片真叶时即可进行嫁接。嫁接主要采用靠接法，成活率一般在96%以上。

**特别提示**

嫁接后3天要早晚散射光，中午放帘遮荫，昼温25~26℃，夜温16~20℃，每天中午用金满利1000倍液进行1~2次叶面追肥，保持空气湿度95%，促进伤口愈合。3天之后可逐渐接受散射光，减少遮荫时间，适当降低湿度。嫁接后第15天将接穗断根，进入正常管理，白天25~30℃，夜间15~16℃。定植前进行低温锻炼。

## 94 早春大棚茄子定植后如何管理?

大棚于2月上旬扣膜烤地增温，棚膜采用紫光膜，便于茄子着色。3月20日左右，当棚内覆盖二膜夜间最低气温稳定在8℃时即可定植。定植前进行精细整地，地面铺上碎稻草和腐熟有机肥。选冷尾暖头的晴天上午定植，株距40厘米×50厘米，亩栽1800~2000株，浇透定植水。

定植后外界气温比较低，要采取保温防寒措施。在棚内设小拱棚，夜晚覆盖二层膜，早晨出太阳后揭开。大棚四周围上一层单苫，棚北边可用大蒲席苫，为防止风害，要用绳子固定好。白天只把东、南、西三面的草帘撤下，夜晚再围严。在这些配套的保温措施下，茄子可正常生长。到4月上、中旬，外界气温逐渐升高，大棚四周的草帘和棚内的二膜再相继撤下。

缓苗期间保持较高温度，白天维持30~35℃，促其早发根，早缓苗。定植7~8天缓苗后白天保持温度25~30℃，下午适时关闭风口，以利提高夜温和地温。定植后连续中耕3次，创造上干下湿的土壤环境，促根深化，结合第3次中耕起小垄，两垄间覆盖地膜，划十字掏出苗后将地膜扣紧压实。到开花结果期白天要逐渐加大放风量，控制在25～32℃，夜间保持15～20℃。

浇缓苗水时进行追肥灌根，用500倍50%多菌灵加0.1%尿素加0.2%磷酸二氢钾的混合液，每株浇灌0.75千克。4月下旬门茄开花，当门茄坐住时开始加大追肥量，每亩可顺水施入复合肥30千克、尿素15千克、磷酸二氢钾5千克，促使果实膨大。随着外界气温逐渐升高，果实生长速度加快，浇水追肥的次数也逐渐增加，可每次亩施入复合肥20～30千克或腐熟粪稀、沼液2000千克，化肥与粪稀交替使用。生长期间多进行叶面追肥，提高抗逆性，增加产量。

茄子开花期间要创造茄子的适宜温度，另外，在当天上午茄子花瓣刚开放时，用防落素蘸花或喷花，提高茄子的坐果率，促进茄子早熟。5月中下旬，门茄即可采收。当果实脐部、果柄处与萼片的连接处有白色部分时即标志着果实停止生长，为采收适期。早春大棚茄子可一直采收到7月中下旬。

**特别提示**

茄子是人们喜食的主要蔬菜之一，栽培面积不断扩大，上市期也达到周年上市，均衡供应。但是栽培面积的日益扩大及周年种植，使茄子生产中土传病害的发生发展越来越重，一旦发病很难控制，严重时可致大幅减产甚至绝收，直接影响茄子生产的产量和品质。早春大棚茄子嫁接栽培技术，可有效防止土传病害，提高产量。

## 95 利用塑料大棚栽培秋延后茄子如何培育壮苗?

秋延后栽培茄子，一般在7月底至8月初露地育苗。此时正值高温多雨季节，不利于茄子生长发育。因此，这茬茄子栽培成功与否关键在于培育壮苗。

苗床应选地势高，排灌水方便，3 年内未种过茄科作物的土块。由于此时期的气温高，育苗时间短，故只要施入少量腐熟有机肥作基肥。按每立方米床土加 200 ~ 300 千克有机肥，深翻整平做成畦，同时按 20 ~ 30 份床土加入 1 份药的比例，加入敌克松和代森锌的混合药剂进行土壤消毒，以防发生苗期病害。苗床整平后，浇足底水。播种时按 15 厘米 ×15 厘米划方块，并将催好芽的种子放在方块中央，每方块放 1 ~ 2 粒种子，随即用过筛营养土盖严，盖土厚度 1 ~ 1.5 厘米。畦上再插小拱架，上面覆盖遮阳网或纱网以防太阳暴晒和大雨冲洗。

出苗期若床内缺水，可用喷壶洒水，禁止大水漫灌，以防土壤板结，影响幼苗出土和生长。幼苗出土后，要及时中耕、松土，以免幼苗徒长或因苗床湿度大而发病，同时应清除杂草。发现幼苗徒长，可用 0.3% 浓度的矮壮素溶液喷洒幼苗。如果幼苗发黄、瘦小，可用 0.5% 的磷酸二氢钾和 0.5% 尿素混合液在幼苗 2 片叶时进行叶面追肥，促进植株健壮生长，增强抗病能力。苗期要注意防治蚜虫和白粉虱等虫害。喷肥和喷药都要在傍晚进行。

此茬茄子育苗期间温度高，幼苗生长较快，一般不进行分苗，以免伤根而引发病害。当苗龄 40 ~ 50 天，有 5 ~ 7 片真叶，70% 以上植株显蕾时，即可定植。

**特别提示**

春大棚茄子 7 月中下旬正处在棚温高，通气透光差，可以改前茬栽培为“换头”栽培。方法是从对茄结果处往上 3 ~ 5 厘米剪掉(即每枝留 2 ~ 3 片叶)，利用茄子分枝规律进行换头，在重新长出新枝上留 3 ~4 个强壮枝条，其余的及时抹掉，换头后需加强田间管理和肥水供应，促进发新芽继续开花结果。9 月初果实上市。

## 96 绿色食品大棚茄子越冬茬定植前有哪些工作?

茄子对土壤适应性较强，以有机质含量高、通气良好的壤土和砂壤土栽培较好，环境质量符合《绿色食品产地环境技术条件》。

冬暖大棚越冬茬茄子栽培适宜选择耐寒、耐弱光、抗病、品质好、产量高、适合市场需求的品种，目前较好的品种主要有茄冠、济杂长茄1号、郭庄长茄、青选长茄等。

在泥土地上铺好纸，把选好的种子摊放在上面，通过日晒1～2天增加种子后熟作用和杀死种子表面病菌后，放在60～70℃的热水中不断搅拌，待水温降至30℃时，浸泡6～8小时种子充分吸足水分后，搓掉种皮上的黏液，用湿纱布包好，放置在28～30℃的环境中催芽，每天用温水上、下午淘洗1次，一般6～7天，待80%顶鼻即可播种。

一般采用1/3腐熟圈肥(猪粪或厩肥)、2/3的大田熟土，混合过筛后，每立方米床土中加1千克磷酸二铵和硫酸钾0.5千克。越冬茬栽培可在棚内、外南北或东西向地面下挖10厘米，建造宽1～1.2米、长根据需要而定的苗畦，畦面平整后，铺上配制好的苗床土，松紧适度，浇透水后，按12厘米×12厘米切成营养块。

一般适宜播期为8月上、中旬。播种前用筷子头在营养块中部戳1厘米深的孔，把发芽种子播进一粒，覆土1.0～1.5厘米厚。播种后，搭起拱棚，盖上棚膜，保持拱棚内25～30℃的温度和80%左右的湿度，5～7天后，大部分幼苗即可出土，并能达到整齐一致。幼苗出土后，需逐步降低温度和湿度，温度管理应控制在25～28℃，湿度应掌握在65%左右，每隔10～15天喷洒一次500倍的磷酸二氢钾叶面肥，待定植前7～10天，尽量把温度控制在白天25℃，夜间15℃左右，不浇水，控制地上部生长，促进根系发育以便锻炼幼苗的抗逆性，培育出壮苗。

7～8月份及时清除棚室内所有残留的上茬作物的根、茎、叶，然后把棚室内土壤深翻30~35厘米，覆上地膜、棚膜密封，高温闷棚杀菌。8月上旬整地时，把提前腐熟好的鸡粪每亩施8000吨，与土坡充分混合均匀，采用南北方向按照行距起垄，垄高15~20厘米。行距为70~80厘米，株距为40~45厘米。然后将磷酸二铵和硫酸钾各50千克均匀的条施沟内，用锄将肥与土充分混合后，将沟扶成垄，原垄变成沟，这种施肥方法有利于茄子主、侧根吸收养分。

**特别提示**

一般定植期在9月末或10月初。中晚熟品种每亩栽2000~2200株；早熟品种每亩栽3000株左右。在垄上按不同株距的要求刨成穴，然后把苗畦浇通水，选壮苗连营养块定植于穴内并浇水，覆好土，盖地膜两边压好，人行道用麦秸、玉米秸秆铺上，并及时浇透水，以利于保温。

## 97 绿色食品大棚茄子越冬茬定植后如何管理?

利用冬暖式大棚栽培越冬茬茄子具有很高的经济效益，其中抓好定植后的管理是实现丰产丰收的关键。

定植后15天左右，可用1000毫克/升助壮素喷洒，防止植株徒长。以后每隔10~15天用糖尿液、糖醋液等喷一次叶面肥防病壮棵。白天温度控制在25~28℃，夜温15~18℃。为防止落花落果，待“门茄”、“对茄”坐住后，才能正常浇水、施肥、整枝、抹叉、疏花疏果。一般采用双干或三干整枝法，每个枝保留1~2个果。成熟后要及时采摘，以免影响上部幼果的生长发育。

当“门茄”长到核桃大小时，可每亩随水冲施尿素10千克，以后每隔15天左右，视土壤墒情浇水，隔一水施一次肥，可用腐熟农家肥每亩施500千克，以农家肥为主，化肥为辅交替进行随水冲施。全年随水冲肥 4 次，最后一次施肥时间距采收期不少于 30 天。

11 月中旬到翌年 3 月末期间的管理，主要是保温、增光，每天及时拉苫，打扫棚面灰尘尽量增加光照，也可在后墙张挂反光幕，阴雪天有条件的白天在棚内拉灯；没条件的可适当晚拉苫，早放苫，白天保持 20～30℃，湿度 65%，夜间在草苫前（棚前）加盖小草苫，棚面上部盖棚罩保温，夜温保持在 13～18℃，午间超过 30℃时打开顶部通风降温，降湿。

茄子越冬期管理要增施二氧化碳肥料。一般棚室内二氧化碳气体浓度在 300～500 毫克/升，而茄子正常需用量为 800～1000 毫克/升，因此要人为地在每个晴天早晨释放 1 小时左右的二氧化碳气肥，有利于提高茄子产量和质量。

4 月份以后，气候逐渐转暖，只要气温最低不低于 15℃，夜间就不需要盖苫和闭风眼。随着温度逐步上升一般 4 月下旬至 5 月上旬以后，除昼夜通风外，还要把后墙通风窗打开降温排湿，所有通风口都应用防虫网罩上。进入 6 月后为了降温，也可在棚膜上喷涂些泥巴、石灰乳。还可在棚面上覆盖遮阳网。

**特别提示**

随着植株的增高和盛果期的到来，要及时疏掉多余的枝杈、底部老化的叶片和病叶；对达到商品标准的果实，应及时用剪子带柄剪掉，以免影响上部幼果生长。临时贮存应在阴凉、通风、清洁、卫生的条件下防日晒、雨淋、冻害及有毒有害物质的污染。堆码整齐，防止挤压等损伤。

## 98 茄子中棚覆盖栽培的技术要点有哪些？

中棚覆盖茄子与小拱棚覆盖茄子的栽培技术大同小异。主要不同是，育苗时期和定植时期更早，拱棚环境调节更需精心管理。

选用早熟、高产、抗寒性强、抗病的品种，在1月上旬播种育苗。秧苗2~3真叶时，一次性分苗移植到营养钵内，加强温度管理，培育壮苗。

定植前每亩施腐熟的有机肥7000千克、菜饼100千克、复合肥10~15千克。定植前20天扣棚，定植前10天在棚内做宽1.2米的小高畦，覆盖好地膜。生产上多采用大小行定植。

定植后，采用多层覆盖的，白天拉开内层覆盖物，夜晚盖上，阴天尽量使秧苗多见光。上午棚温升到25℃时开始通风，下午棚温降到20℃时开始闭棚。棚温要求每天保持5小时以上的28~30℃。遇连续阴雨天，中午小放风2小时，开花结果期要放大风，否则，棚温超过30℃以上，植株容易徒长，而引起落花落果。

**特别提示**

南方多采用主副株定植，即1.2米宽的畦种2行，行距60厘米，株距30厘米，主株、副株隔一株种一株。副株上可留门茄、对茄、四母斗茄，采用双干整枝，在对茄上再留两干枝，各结1个茄子，即摘心。副株收5个茄子后及时拔掉。副株拔掉后，将主株在八面风茄子上留三干后摘心，加强肥水管理，八面风茄子采收后拉秧。

## 99 茄子小拱棚覆盖栽培的技术要点有哪些？

品种应选择开花节位低、耐低温、果实膨大速度快、果皮和果肉颜色以及果形等符合当地消费习惯的品种。

一般于1月中旬温室育苗。每亩的生产田需播种床面积3平方米，需种子量50克。先进行温汤浸种，而后变温催芽，使种子发芽整齐、粗壮。待大部分种子破嘴露白时即可播种。秧苗长到二叶一心时即可分苗。分苗后将温室密闭1周，保持白天30℃，夜间20℃左右，促进缓苗。以后幼苗进入花芽分化阶段，应适当降低温度，白天控制在25～27℃，夜间15℃左右。定植前5～7天，要加强通风，降低温度进行炼苗，使苗子敦实健壮以适应定植后的田间环境。

土壤化冻后即可整地，每亩施优质基肥5000千克，过磷酸钙100千克，麻渣或饼肥50千克，耕2遍，耙平，即可开定植沟。要求沟距1米，沟宽30厘米，沟深20厘米。在4月上中旬选择晴天定植，先随沟灌水，按株距30厘米贴沟边交错定植2行。随即扣小拱棚防寒。支架可采用竹皮、柳条或钢丝等。

定植后1周内不放风，以提高温度，促进缓苗。随着外界气温的升高，开始破膜通风，风量由小到大。待5月上中旬，结合培土起垄，将棚膜落下，破膜掏苗。这样原来的定植沟变成小高垄，地膜由“盖天”变为“盖地”，以后成为地面覆盖栽培。定植1周后，打开小拱棚一端，浇一次缓苗水；在培土封垄时，结合浇水，每亩沟施复合肥15～20千克，尿素10千克。以后适当控水蹲苗。

**特别提示**

待大部分门茄进入瞪眼期后，结束蹲苗，浇膨果水。进入采收期后，每5～7天浇一水，并随水冲施尿素每亩10千克。门茄开花时，气温较低，要人工授粉，以后温度升高，茄子可自然授粉结实。门茄以下的侧枝要打掉，以免通风不良。当门茄采收后，可摘去门茄以下的老叶以增加植株的通风透光性，减少病害发生。一旦发生病虫害，应采取无公害措施防治。

## 100 茄子地膜覆盖栽培管理的技术要点有哪些？

地膜覆盖茄子的栽培季节一般介于露地早茄子和小拱棚覆盖栽培茄子之间，于1月底至2月初在温室、温床或冷床里育苗，当地晚霜结束后进行定植。一般选用耐寒高产的早熟或极早熟品种。土地茬口安排也基本同露地栽培。

**平整畦面** 土壤充分耙细整平，畦做成瓦背形，用木板刮平并稍微拍紧土表。地膜覆盖前畦面一定要浇透水，保持畦内的土壤含有充足的水分。但是畦面浇水后不能马上盖地膜，否则会造成膜内土壤湿度过大，形成“包浆土”，必须等畦面土壤“吸汗”后，才能盖膜。

**适时早栽** 定植比不盖膜的提早10天左右(要注意防冻害)，如地膜覆盖再加盖棚(小拱棚、大棚等)定植期可提早15天左右，定植时，按要求的行、株距将地膜划破小口，苗子栽入穴中。定植应选在冷尾暖头的晴天，带土移栽。定植后及时浇“定植水”，然后用细土把定植孔封严，以保温保湿，促进植株幼苗生长。

**科学管理** 茄苗定植后，在进行农时操作管理时，要尽量不损坏地膜，发现地膜破裂或四周不严时，应及时用土压紧，保证地膜覆盖的效果。

**特别提示**

地膜覆盖栽培具有保水保肥等作用，加之前期幼苗消耗水、肥量也小，在肥水管理上应掌握“前期控、中后期追”的原则，在春旱不严重时适当控制肥水施用，防止植株徒长。当进入开花结果盛期时，要及时追肥或根外追肥。为满足植株中后期生长发育的需要，可在行间将膜划破追肥。

## 101 保护地茄子如何修剪？

在保护地茄子的栽培管理中，一般注重摘叶和打杈等技术，而忽略修剪环节。现就有关修剪技术介绍给大家从而使茄子快速更新复壮再创高产。

**留桩再生法** 根据发枝和修剪的先后顺序不同，有两种再生法。第 1 种是直接将结果盛期过后的植株剪掉再生。剪时在主干基部留桩 15 ~ 20 厘米高，保留 1 ~ 2 个蘖或 2 ~ 3 个隐芽，隐芽 4 ~ 5 天就可以萌发新枝，选留 1 ~ 2 个旺枝，除去多余分枝即可。第 2 种是先环割，发枝后修剪。用环割刀在主干基部 15 ~ 20 厘米高的隐芽上方 1 厘米处割茎一周深达木质部。10 天后在刀口下就会萌发出几条新枝，选留 1 ~ 2 个强壮枝，其余去掉。待新发枝长到 20 厘米高时，在主干发枝处上方留 2 厘米，剪除老枝，实现再生。

**短截控旺法** 就是将没有发侧枝的新生枝剪截，作用是可控制生长点的生长势，使养分回流，促进干部果实和侧枝的生长。一般密度大的茄子，可在门茄“瞪眼”时短截所有枝头，每株 6 ~ 8 个果即可。当主侧枝长势差异太大或难发侧枝时，对主干短截，可起到一控一促之效。

**回缩更新法** 在摘果枝组上剪除一部分即为回缩，可以使外枝收拢，大果枝更新，协调了生长与发育的平衡，调整了植株结构。①外围较长枝组和细弱下垂枝组，在强壮枝生长曲回缩从而使茄子快速更新复壮。②对重心倾斜较大枝组回缩，可以均衡植株生长势。③对植株内部枝组密集的长枝回缩，可增强通透性。以上三种方法在应用时可因地制宜，菜农朋友们不妨一试。

**特别提示**

该整枝技术应于“八面风”后期开始实施。此期主要性状为：生长明显减慢，上部叶片明显变小，茄苞明显增多。要根据生长势的差异，采取不同程度的整枝措施。无论哪种情况，整枝后均应大水大肥促生长。方法是：每平方米用尿素 5 ~ 10 克，浇水后中耕 1 次，20 天后依此法再施肥灌水 1 次即可。此法处理后，可明显增大果个，使茄子的经济结果期延长至立冬前后(即第 1 次霜冻期)，收效良好。

# 茄子日光温室栽培

茄子属喜温蔬菜，对温度、光照要求严格，冬季生产难度大。利用采光、保温、储热性能优良的日光温室种植茄子，温室内最低气温保持在10℃以上，并要覆盖PVC多功能长寿膜，促进茄子正常发育和果实着色，以保证高产高效。一些地区利用日光温室，通过嫁接换根、植株调整、养根护叶、剪枝再生、微肥激素处理、良种良法栽种，亩产可高达20000千克，效益超过万元。

## 102 日光温室栽培茄子怎样安排生产季节?

日光温室越冬茬茄子栽培华北地区在7月下旬至8月中旬育苗，9月下旬定植。西北地区在10月中旬播种育苗，1月中旬定植，3月初开始收获。

日光温室冬春茬茄子栽培华北地区一般于9月中旬播种育苗。由于地温正常，光照条件较好，苗龄在70～80天左右，到11月上中旬即可定植，春节前后采收上市。产值较高，经济效益好。北京地区10月中、下旬温室播种育苗，1月下旬至2月初定植。

日光温室早春茬茄子栽培华北地区一般于10月上旬至11月下旬育苗，12月下旬至翌年2月下旬定植。上茬为芹菜或其他非茄果类蔬菜。

日光温室秋冬茬茄子栽培以满足深秋、初冬市场需求为主，元旦后、春节前拉秧。秋冬茬栽培有两种方式：一是利用夏秋露地栽培的茄子，在早霜来临前扣上塑料棚，延迟供应到初冬；二是6月下旬育苗，8月定植，早霜前扣上小拱棚，延迟采收到2月上旬。

**特别提示**

对于那些保温采光好的日光温室，应充分发挥设施优势，选择中晚熟、产量高、耐贮运的品种，以延长生育期，增加后期产量，取得较高的经济效益和社会效益。秋冬茬采收的果实进行一段时间贮藏，供应春节市场。

## 103 怎样生产温室无污染蔬菜？

**选用抗病品种** 过去我们在温室内种植蔬菜大都是采用以高产为主的品种。今后除高产外，还应特别选用抗病性强的品种。如黄瓜的津优2号，西红柿的利生八号，茄子的紫茄等。

**增施农肥和磷钾肥** 随着科学技术的发展，我们的农业已基本上成了化学农业，施肥靠化肥，防治病虫害和杂草靠农药，污染了农产品，在棚菜生产中尤为严重，危害人们健康。今后棚菜底肥应以农肥为主，一般100米长棚每年施15～20立方米农肥，对农肥质量要求不严，如各种畜禽圈粪、杂草沤制的农肥均可，它不仅肥田，更重要的是改良土壤，再根据栽培不同蔬菜配施一定量无公害的化肥撒施后翻地两次做垄。在生产期再根据需要施用氮、磷、钾肥，这样既保证生产又增加了蔬菜的抗病性，可以减轻病虫害的发生。

**使用自动地下暗渗灌水** 棚菜栽培必须灌水才能高产。而我们现在灌水的方法不管是沟灌、滴灌或微喷灌，都是模仿自然的地面给水，这就造成棚内高湿而引发病害。而在棚内使用自动地下渗灌，地上没有水面蒸发，大大降低棚内湿度，就能很好控制因高湿引发的各种病虫害，地下渗灌设备简单，成本低，可用十年，每年费用仅百元。

**高垄大行距栽培** 而茄果类可用垄高 0.3 米，一米双行的株行距，降低垄顶湿度，提高地温，加大通风透光度，减少人为管理造成植株的伤口，减少病菌侵入，能减轻病害发生。

**适时适量叶面追肥** 大部分病害发生与菜苗体内营养元素失调有关。生产实践也证明，适时适量叶面追肥也是控制病害大发生的很好办法。一般在果菜生产期，用 15 千克水加入尿素和磷酸二氢钾各 50 克，搅拌均匀后 6 ~ 7 天叶面喷一次，能收到很好抗病效果。

**特别提示**

我们必须生产出无污染蔬菜，才能走出国门，摆上国际市场。过去我们追求高产高效，就大水大肥求高产。而大水大肥在棚内必然造成高湿而引发各种病虫害，进而长期大量、反复施用各种农药来防治，造成棚菜严重污染。

## 104 日光温室内生产无污染蔬菜如何杀菌?

**增温降湿** 在棚菜生产易发病期，早晨揭帘子后棚内高湿时(有雾汽)不能马上开通风口放风排湿而是关闭所有通风口，让温度迅速升高来降湿。试脸证明，每当温度升高 1 ~ 2℃，就可降低棚内相对湿度 3% ~ 5% 。当棚内温度由 15℃升到 25℃时，湿度就可由早晨的 90% ~ 100% 降到 60% ~ 70% ，这种高温低湿不利于各种病害的发生，而非常有利蔬菜生长。近中午温度超过 30℃

后，突然打开通风口，就会迅速排出棚内湿气，下午放大风排湿使夜间干燥过夜，不利病菌繁殖，这是管理控制病害发生的有效措施。

**嫁接育苗** 茄子采用嫁接育苗能提高抗病能力，特别对茄子的黄萎病有着理想的防治效果。

**高温闷棚杀菌** 大部分病原菌在 30℃以上高温中活动微弱，40℃以上一定时间就可致死。而短时间高温，虽对菜苗不利，但影响不大，可利用二者对温度耐力不同，来保秧灭菌。高温闷棚常用在黄瓜的霜霉病和黑星病上。在闷棚前要灌透水，闷棚温度是 45℃2 小时。高温闷棚后 5～7 天可再进行 1 次，以后每隔 10～15 天 1 次，也能很好控制病害的发生。

**土壤消毒** 在棚菜栽培过程中，尽管采用一些防病措施，但要绝对不发病是不可能的。土壤是主要的传病途径，阻断土壤传播的有效办法是，在 7～8 月的高温季节，棚内无蔬菜时以每 100 米长棚用 500 千克稻草(切碎)再加入 100 千克石灰撒在地面后翻入土中，然后用水泡田 15～20 天，并盖好棚膜或地膜。石灰遇水发热再加翻入土中稻草腐烂发热和炎夏的高温，可使土壤耕层温度升到 45～55℃，而潜入土中的一些病菌，一般超过 40℃在一定时间内都会死亡。并且石灰本身也有杀菌作用。稻草腐烂后还可肥田，真是一举两得。

**药物熏烟灭菌** 当发现菜秧有病害发生时，可采用药物熏杀法来防治。目前广泛使用的有百菌清、速克灵、甲双灵、克星丹、细菌灵、敌敌畏等烟剂。这些烟雾用气味杀菌杀虫，而在菜上无药物残留，适时适量使用，能很好控制病虫的发生，进而取得棚菜优质高产、高效。

**特别提示**

附着在棚膜、棚架、墙和地面的病菌，可在定植前，棚内无任何生物时，每100米长棚，用硫磺粉2.5千克，拌入一倍量的干锯末，分4～5堆点燃，封闭棚24小时后，放风7天后定植或育苗，可杀死地面以上潜伏的病菌。

## 105 日光温室中怎样进行整地和施肥?

前茬收获后，将残枝落叶清除干净，土地深翻30厘米左右进行晾晒。做垄前要把土壤耙细。整地同时把事先准备好的农家肥、化肥施进去。一般是把肥料平铺扬到地里，浅翻一次，将农家肥、化肥和土壤充分搅拌在一起，耙平、耙细。地整好后做垄，采用大垄双行，大垄宽1.2米，垄上定植双行，小行距30～33厘米。

整地时基肥要施足，一般施用农家肥多为腐熟的鸡粪，每亩施5000千克，或腐熟的家畜粪，每亩施7500千克。不论施用何种农家肥，一定要充分腐熟。施肥方法上，农家肥平铺均匀撒开，然后翻耙，使肥料与土壤混拌均匀，磷酸二铵在垄上开沟施用，与土充分拌匀。

## 106 日光温室内如何调控温度?

茄子生育期适温为24～30℃，而育苗期、定植缓苗期和开花坐果期等不同的生长阶段对温度的要求有所不同。在栽培管理中，经常需要保温和增温，有时需要降温。

日光温室的保温措施有，尽量提高温室的采光率，如选用透光率高的薄膜和经常清洁薄膜；增加温室夜间保温覆盖物（草帘）；夜间采用多层覆盖；设置防寒沟等。

日光温室的增温措施主要是加温。可以采用水暖、火道等永久性加温措施，也可以采用地热线、空气加温线、木炭火盆等临时加温措施。或者结合补光，选择具有热效应的灯光增温。

日光温室茄子栽培的温度管理虽然以增温保温为主，但温度过高植株也不能正常生长，需要采取降温措施，尤其要降低夜间的温度。育苗时如果采用电热温床加温的，可以通过电热温床的昼停夜开达到降温的目的。

**特别提示**

通常棚内可以采用通风降温，根据降温要求设置和开放通风口，可通底风、通顶风、通边风、交错变换通风口等；也可以通过草帘子的早揭晚盖进行降温；或采用遮荫降温的措施。一般，每遮荫20%～40%，可以降温2～4℃。

## 107 日光温室中如何改善光照条件?

茄子对光照条件要求严格，需要较强的光照，寒冷季节栽培经常光照不足，需要增加光照。但在刚定植后，或进入夏季强光季节，有时也需要降低光照强度。

日光温室反季节茄子栽培中，温室内光照比较弱，需要增加光照强度和光照时间。增加光照强度的主要措施有，选择优质薄膜，经常除去膜上的污物，尽量提高棚膜的透光率；在茄子进入结果盛期后，在温室内后墙上设置反光膜，增加后排光照强度；必要时可进行人工补光。据测定，1 月至 3 月份，中午距反光幕后 1 米处和 2 米处，60 厘米空中照度增光率分别为 20.8% 和 2.3%，一般提高温度 2℃左右，5 厘米深地温明显增高。张挂反光幕后，由于温度高、光照强，靠近反光幕的秧苗中午容易出现暂时萎蔫现象，应多浇定植水，气温超过 35℃时应从顶部进行放风。

温室内光照时间的管理，主要通过揭盖保温覆盖物的时间来调节。一般天气里，早晨日出半小时后揭去覆盖物，下午在保证室内气温的条件下，尽量延迟覆盖，以获取最大限度的光照时间。另外可以通过人工补光增加光照时间。

降低温室光照强度的主要措施是遮光。可以用草帘、苇箔等遮光，现多用遮阳网遮光。遮阳网有不同遮阳率的规格，可以根据遮光需要选用。

**特别提示**

连续阴天，室内温度低于22℃时，光照严重不足，发现叶片色泽变淡时要生火炉、装电灯临时增温补光，控制滴水；减少氮肥用量，加强叶面喷肥；果实适当早采，减少植株消耗，增加抗性。下雪天及时清扫蒲苫上积雪，连续雪天也要揭苫；久阴骤晴，一定要回苫或放花苫。

## 108 日光温室中如何管理环境湿度和土壤水分？

日光温室内空气湿度经常高于外界，在茄子栽培过程中，环境湿度管理主要是降低湿度。主要措施是通风降湿，此外还可以采取地膜和地面覆盖、采用滴灌等局部灌水措施、撒草木灰和放生石灰吸湿等措施。但在定植后缓苗期间，需要增湿保湿，主要措施是浇水后密闭棚膜，也可喷雾加湿。

在日光温室茄子栽培中，采取以上综合措施，缓苗期保持空气相对湿度 75% ~80%，开花结果期棚内空气相对湿度控制在 60% ~70% 的适宜范围，以减轻病害。每次灌水后及时通风降湿，使空气湿度迅速降低到茄子适宜范围和不易发病的安全范围。

茄子对水分要求严格，整个生育期都要求有充足的水分供应。定植时要浇足定植水，水渗下后再栽苗、盖土。定植水浇后一般不再浇缓苗水，然后中耕蹲苗，到门茄瞪眼时结束蹲苗，增加水分供应，促进果实的膨大。进入盛果期以后，每隔 7 ~ 10 天浇一次水，经常保持土壤湿润。

日光温室内的灌水方式一般有明沟灌水、地膜覆盖、膜下沟灌、滴灌、渗灌等。明沟灌水灌水量大，灌水均匀，适宜于温度较高、通风较多的季节和茄子盛果期的灌水。地膜覆盖、膜下沟灌方式为局部灌水技术，适合于低温季节栽培茄子，这一季节通风少，膜下沟灌既可以满足茄子生长发育对水分的需要，又可以控制灌水蒸发而增加空气湿度，有利于防病，成本低，经济实用，是茄子日光温室栽培采用的主要灌水形式。滴灌、渗灌等技术可按茄子生长发育需求合理的供给水分，而且可以有效地降低环境湿度，但一次投资大。

采用地膜覆盖、膜下灌水的茄子，定植后盛果前一般只浇膜下沟，即暗沟。盛果期以后则暗沟明沟一起浇，或交替浇。

## 109 日光温室茄子冬春茬栽培如何播种育苗?

日光温室种植的冬春茬茄子，从 9 月中下旬到 10 月中下旬育苗，11 月中旬到 12 月上旬定植，第 2 年 1 月中下旬到 2 月中下旬开始采收。宜选用植株较矮、生长势强、早熟、抗病、丰产、耐寒性较强的品种，如新乡糙青茄、辽茄 1 号等。选籽粒饱满、无霉烂、无虫害的种子。冬春茬茄子适宜播种期在 9 月中旬。由于外界气温不断下降，播种前要用 55℃温水浸种、催芽，做到一播全苗。

壮苗是指幼苗茎秆粗壮，叶片厚实，花芽分化早且饱满。壮苗是温室茄子高产、早熟的关键。茄子是喜光作物，应选择日照时间长的地块作苗床。营养土的养分既要充足，又要透气，保肥水能力也要强。9、10 月份育苗，外界温度白天较高，夜间偏低，这时的温度管理，白天要降温，使温度保持在 20 ~ 25℃；夜间不低于15℃。茄子发育到三叶一心期，要及时分苗，避免叶片互相遮挡，影响花芽分化。同时，应加强对蚜虫和褐纹病的防治，以达到壮苗的目的。当苗龄90天左右、幼苗7~8片叶、现大蕾时，即可定植。

**特别提示**

定植田深翻细整，使土壤颗粒细碎疏松。施肥以基肥为主，亩施腐熟农家肥4000千克，过磷酸钙50千克。定植时间一般在12月中旬。定植前先铺地膜，用刀片把地膜划成十字口，把地膜向四周拉开，挖孔后穴栽。定植水要浇足，盖严地膜，再用土将定植孔封严，以防漏气。定植密度一般为亩植3500株左右，行距为50~60厘米，株距为30~40厘米。

## 110 日光温室冬春茬茄子定植后如何管理?

冬春茬茄子从定植开始，就进入了一年中最寒冷的季节，因此，定植后一定要从温湿度、光照、水肥等方面加强管理，并及时进行植株的调整，从而尽量满足植株生长对温湿光肥水等条件的需求，保证植株的正常生长，为取得丰产打下坚实的基础。

**温湿度的调节** 茄子定植后的缓苗期正值寒冷季节，应以提高棚温为重点。夜间要扣上塑料小拱棚以提高温度，白天保持28~30℃，夜间保持15~20℃，促其早缓苗。缓苗后，白天棚温保持26~28℃，超过30℃通风，降到25℃关风口，夜间棚温不要低于13℃，以夜间棚温在15~20℃为最好。1月下旬以后，外界天气逐渐转暖，也正是植株开花结果期，白天要达到25~30℃，上半夜18~24℃，下半夜15~18℃，土坡温度要保持在15℃以上，不能低于13℃。阴天的温室温度要比晴天低2~3℃。久阴暴晴，室温不能太高，中午前后要放草苫遮光降温，经过3~4天植株健壮后再全天见光。3 月以后天气转晚，白天要延长放风时间并加大放风量，当外界夜间气温保持在 15℃以上后，要昼夜放风，并放底脚风。在湿度管理方面，温室内空气湿度以 70% ~ 80%，土壤含水量 15% ~18% 为宜。棚内干燥时，植株生长缓慢；湿度过大，易导致病害的发生蔓延。在温度条件允许的情况下，要加大放风量，以降低室内空气湿度，浇水要选择在晴天的上午进行并在浇水后及时进行放风。

**光照调节** 12 月至次年 2 月，温室内光照强度是不足的，极易造成短花柱花和畸形果。因此，种植茄子的温室一般采用透光率高的聚乙烯或聚氯乙烯无滴膜。为提高棚膜的透光率要经常保持薄膜表面的清洁，另外，还可用鲜牛奶或鲜豆浆对水用喷雾器喷布棚膜里面，每周一次，以利减少棚膜结露，提高光照强度，在冬季白天要尽可能早揭苫晚放苫，以增加植株的光照时间。

**肥水管理** 茄子定植后天期寒冷，一般在浇足缓苗水后不再浇水，当门茄开始膨大并长到鸡蛋大小(瞪眼)时开始浇水，于晴天上午浇第 1 水，以膜下暗灌浇滴小沟为宜，要注意提温排湿，半月之后浇第 2 水。3 月下旬以后天气变暖，水分的需求量迅速增加，一般 5 ~6 天就要浇一水。避免因水分不足而影响产量。从浇第 2 水开始要根据植株长势浇施肥水。结合浇水，每次冲施磷酸二铵 15 千克，尿素 10 千克，硼镁肥 0.5 千克，磷酸二氢钾 1 千克，腐熟鸡粪 100 千克左右。

**植株调整** 日光温室冬春茬茄子栽培，在四门斗形成以后易出现枝叶繁茂、通风不良的情况。因此，通常采用吊秧(一株两条吊绳)二权留枝法，保留主枝和第 1 花序下第 1 叶腋的一个较强大的侧枝，其余的侧枝抹去。进入结果中期植株封行后，及时把下部的老叶黄叶摘掉带出棚外深埋。每一个花序只留一果，其余花蕾去掉，每株两个枝条并列生长，同时要及时抹去杈子。

**运用化控措施保花保果** 由于 1 ~3 月温室内温度偏低，易产生落花落果和畸形果，为提高温室茄子坐果率一般采用防落素或丰产剂2号抹花。使用时间为含苞待放或刚刚开放，今天涂抹次日开花为宜。注意药液不要溅在叶片或茎上，以免发生药害，也不要浓度过大，以防裂果。激素处理过的花冠不易脱落要在果实膨大后轻轻摘掉。

**特别提示**

日光温室冬春茬茄子采用早熟品种，一般开花后25～30天就可以采收嫩果。果实采收的早晚，不仅影响品质，而且也影响产量，采收过早产量低，过晚则果硬种子多，耗养分，影响整株开花结果。如果门茄采收不及时，就会影响对茄的生长，产生坠秧现象，因此门茄采收宜早不宜迟。

## 111 日光温室早春茬茄子育苗时要注意什么?

早春茬茄子育苗多在11月中下旬进行，此时正处在日光温室温度逐渐下降、光照不断减少季节，而茄子幼苗期又必须保证适宜的温度和光照条件，所以育苗必须在温室内设置温床，才能保证苗床温度。

**苗床设置** 常用的有电热温床和酿热温床两种。①电热温床：在温室中部做东西延长的床，宽1～1.5米，深10厘米，面积10平方米，耙平畦面，用800～1000瓦功率的电热线在床面上铺设，先在两端按计算的距离钉木桩，把线挂在木桩上，来回往返呈双数，以便使电热线由同一端引出。②酿热温床：长宽规格与电热温床相同，深度为15厘米，先在床底铺2厘米厚烂稻草，浇热水，上面铺4厘米厚新鲜马粪，踩实后约为5厘米。如果新鲜马粪水分不足，可喷热水，穿胶底鞋踩时以刚见出水为标准。踩完后床面覆盖小拱棚。5～6天酿热物发酵，温度超过20℃，铺10

厘米厚床土。

**播种** 品种选择、种子用量、消毒、浸种催芽与冬春茬生产相同。按播种需要面积先铺7厘米厚黏重土壤，踩实搂平，再铺3厘米厚营养土，浇透水，水渗下后薄薄撒一层营养土。把刚出芽的种子，均匀撒播，覆营养土1厘米厚，然后覆盖一层药土。因为茄子幼苗最容易发生猝倒病，有效的防治方法是出苗前在畦面上覆盖一层药土。常用的方法为：每平方米用代森锌和五氯硝基苯各5克，均匀掺上营养土撒于畦面；也可用50%多菌灵可湿性粉剂每平方米8克，用营养土掺匀撒于畦面。

**播种后管理** 白天揭开小拱棚薄膜，夜间再盖上保温。80%幼苗出土时撤下地膜，白天揭下小拱棚地膜，夜间暂不覆盖，适当降低温度，防止徒长。白天气温控制在25℃左右，夜间15℃左右。第1片真叶展开以后，白天保持25～28℃；夜间15～20℃，夜间温度达不到要求可盖上小拱棚薄膜。

2～3片真叶时移植，移植前一天苗畦浇水，以便于移植时抢苗不散坨，可带宿土移栽。移植时用平锹，在营养土下把幼苗抢起，装入平底土篮或苗盘，运到移苗畦。定植前5～7天加强放风，进行低温炼苗，提高秧苗的抗逆性，白天保持20～25℃，夜间15℃左右，凌晨10～13℃。

**特别提示**

水肥管理上，前期温度低，尽量少浇水，如局部秧苗中午出现萎蔫可用喷壶浇水，但勿大水漫灌，以防秧苗徒长。总之，苗期以控为主，定植时秧苗应达到6～7片真叶，茎粗壮，带花蕾。用营养钵育苗的，于定植前10天倒苗一次，扩大见光面积；用营养土块育苗的定植前1周浇一次透水，2天后切坨囤苗，并通风，降低温度进行炼苗。定植前2天，喷一次吡虫啉以防蚜虫和红蜘蛛等虫害的传播。

## 112 早春茬茄子定植时有哪些技术环节需要掌握?

日光温室早春茬茄子定植时间为2月初，当苗长到6~7片真叶时进行。此时定植正值一年的低温时期，应特别注意温室保温增温。

定植前1周将温室内的前茬作物的残株、杂草清理干净，并进行温室消毒。每亩温室施入优质农家肥5000~6000千克，复合肥30千克，深翻2遍，使土粪掺和均匀。整平畦面后做成高垄，宽70厘米，高20厘米，间距40厘米，垄背中间开一小沟，覆盖地膜后可用来浇水。

每垄定植2行，先开定植沟，立春前后，选晴天上午，把大小一致的秧苗，按株距30厘米，摆于沟中，株间施磷酸二铵每亩40千克，培少量土，逐沟灌水。每亩栽苗3700株左右。定植后用土将穴口盖严，然后通过膜下暗灌浇定植水。控制灌水量，防止灌水过多降低地温。

**特别提示**

温室消毒一般用白粉虱烟剂(每亩用8小袋)，可防治白粉虱、潜叶蝇、红蜘蛛、蚜虫等；用45%百菌清烟剂(每亩用4小盒)，可防治真菌病害。

## 113 日光温室早春茄子定植后如何管理?

**温度调节** 定植后密闭保温，在高温高湿条件下促进缓苗。5~7天后心叶开展，标志新根发生，已经进入生长期，白天保持25℃左右，夜间15~17℃，早晨揭苫前10℃以上。随着外界气温回升，逐渐加大放风量，延长放风时间。

**肥水管理** 在定植后浇足水，经过松土和培垄保墒，一般在坐果前不需要浇水，适当抑制植株生长，可促进开花坐果。第1次追肥浇水，在门茄长到瞪眼期(3～4厘米大小时)进行。每亩追尿素20千克撒于垄沟中，边撒边浇水。不能撒完尿素再灌水，以防氮气中毒。第1次浇水后在表土半干时中耕培垄，对茄膨大时进行第2次追肥浇水，方法同第1次。第3次追肥在四门斗茄子膨大时进行，结合浇水。并在表土温度适宜时培高垄，防止植株倒伏。以后不需中耕培土。随着温度升高，放风量增大，根据长势进行浇水。

**植株调整** 第1朵花现大蕾，花蕾下垂含苞待放时，在两个枝条下各留1片叶，下部叶片全部摘除。两个侧枝生长点出现花芽以后，又出现分枝，留两上枝条，其余叶腋的侧枝也全部摘除，这样就会形成双杈、四杈、八杈，依次向上发展，每个分杈处结1个茄子。

**特别提示**

茄子的采收标准必须掌握好，因为每株茄子的数量是固定的，采收过早，必然影响产量，减少收入；采收晚了，品质下降，影响销售。采收茄子的标准是萼片(茄裤)下有一段颜色特别浅，这段浅颜色果皮越长，说明果实正在生长，当浅颜色部分已不明显，说明果实的体积已接近最大限度，可采收。采收最好在早晨进行，为防止采收时折断枝条，拉断果柄，最好用果树剪枝的剪刀采收。

## 114 日光温室秋延后茄子如何高产栽培?

日光温室秋冬茬多以种植黄瓜、芹菜、番茄为主，品种比较单调。为改变这种局面，介绍一套亩产4000余千克、产值8000余元的日光温室秋延后茄子高产栽培技术。

洛阳市糙青茄植株较矮，适宜密植，耐低温性较强，结果早，果形大，果肉白而细，果皮绿色有光泽，耐老化，较适宜日光温室秋延后栽培。

在河南省北部地区适宜播期为7月上中旬。育苗期正值高温多雨季节，苗床需搭小拱棚，防高温、暴雨、水淹。浸种催芽到种子有80%透尖后，播入12厘米×12厘米营养钵内，每钵播2粒，覆盖1厘米营养土。播种后盖好小拱棚。齐苗后小拱棚四周通风，降低温度防苗徒长。1片真叶后，拔去弱苗，每钵保留1株壮苗。幼苗具3片真叶时，揭去棚膜，促苗健壮生长。整个幼苗期要严防雨淋，定期喷洒农药防虫、防病，旱时浇小水，确保壮苗定植。

秋延后茄子多以春番茄、黄瓜为前作。前作拉秧后要深翻土地，暴晒1个月，再深翻1次，再暴晒15天。亩施优质农家肥7500千克，然后浅翻1遍，精细整地。定植时亩沟施磷酸二铵50千克、磷酸二氢钾30千克。

幼苗株高20厘米左右，具7～8片真叶时定植。定植期一般在9月上中旬。实行宽窄行定植，宽行60厘米，窄行40厘米，株距26厘米，亩栽5000株。定植后顺沟浇透定植水，并在1周内扣上棚膜。扣棚后白天温室控制在25～30℃，夜间控制在15～18℃。白天温度高时，需放风降温。霜降后，覆盖草帘保温。立冬后在草帘上盖第2道农膜防寒。

门茄坐住后开始顺沟浇小水，结合浇水亩冲施适量人粪尿。结果期每半月浇1次水，每次亩冲施尿素25千克。门茄坐住后摘除下部老叶，植株结4个果后摘心打顶。

**特别提示**

9月下旬至10月底，温室内易出现30℃以上的高温，11月中旬后室内易出现15℃以下的低温，为提高坐果率，在开花前后2天内，用防落素或丰产剂2号涂抹花萼和花柄。激素处理后的花冠不易脱落，易引发灰霉病，也不利于果实着色，因此，果实膨大后要剥去花冠。

## 115 温室秋冬茬茄子育苗时要注意什么？

温室秋冬茬茄子，一般6月中旬播种育苗，苗龄60~70天，8月下旬定植。冀东地区适宜播期为7月下旬至8月上旬，苗龄40天左右，11月下旬开始收获，冬淡季节上市，具有较高收益。主要栽培技术如下：

宜选用耐低温、耐弱光、抗病虫的优质高产品种。如北京六叶茄、辽茄3号、鲁茄1号和布利塔等。7月下旬至8月上旬露地遮阳育苗。如果嫁接育苗，可用托鲁巴姆、野茄2号为砧木，并采用常规方法进行催芽播种。营养土用肥沃大田土6份与充分腐熟的有机肥4份混合，每立方米营养土中加入三元复合肥2.5千克，1.8%阿维菌素10毫升，50%多菌灵80克，充分搅拌均匀，铺于苗床内。待砧木出苗后再播种接穗。

分苗前间苗1~2次，拔除病、弱、小、杂苗。砧木长到二叶一心时分苗，定植于10厘米×10厘米的营养钵内。接穗长到三叶一心时分苗，定植于阳畦内，行株距10厘米×6厘米。缓苗后形成壮苗时，采用插接法嫁接，嫁接后扣小拱棚，1~3天全部遮阳，第4天可见散射光，缓苗后约10天左右除去遮盖物。保持空气湿度95%左右。接口愈合后，及时除去砧木萌叶，保持土壤湿润，白天20~25℃，夜间13~16℃，嫁接后20天左右去掉嫁接夹。定植前 7 ~ 8 天控制浇水，进行炼苗。

**特别提示**

整个苗期，由夏转到秋，气温由高到低，所以秧苗前期必须防强光、控水防徒长。浇水原则是宁干勿湿，蹲好苗。如果遇到雨天，要及时排水防涝。随秧苗的长大，逐渐揭膜增加光照，最后把小拱棚全部撤去。

## 116 秋冬茬茄子定植时有哪些技术环节需要掌握?

定植前结合深耕亩施腐熟有机肥 5000 千克、三元复合肥 50 千克、硫酸钾 25 千克，按行距 70 厘米起垄，高 20 厘米，垄面宽 30 厘米。

日光温室秋冬茬茄子一般 6 月中旬播种育苗，苗龄 60 ~ 70 天。8 月下旬秧苗长出五叶一心至六叶一心、株高 20 ~ 25 厘米时定植。

定植前亩用硫磺粉 2 ~ 3 千克，加敌敌畏 0.5 千克，拌上锯末，分 4 堆点燃，封闭棚室 1 昼夜，杀虫灭菌。同时在温室放风口设置 40 目防虫网，防害虫入侵。

定植时选择阴天或傍晚突击进行，株距 35 厘米，把苗坨栽在沟里，定植完毕浇透水，水渗下后封沟。

**特别提示**

缓苗前不浇水，促根深扎。缓苗后浇 1 水，以后注意蹲苗，严防秧苗徒长木质化程度不够影响坐果率。秋凉时顺垄覆盖黑色地膜。

## 117 秋冬茬茄子开花结果期如何管理?

**双杆整枝** 长出门茄后植株开始分杈，留 2 个主枝生长，用绳吊枝。门茄膨大后，将下部叶片全部打掉。以后注意适时打掉老叶、侧枝，以改善通风透光条件。

**保花保果** 为了提高坐果率和产量，在开花后 2 天内，用防落素或丰产剂 2 号喷花保果，溶液中加入 0.1% 的速克灵防灰霉病，同时加红水做标记，每隔 3 天喷花 1 次，防止重喷。

**摘除花冠** 经喷花后的花蕾膨大后花瓣萎蔫时，要及时摘除，不然在低温高湿的环境中，容易引发菌核病和灰霉病。

**叶面补肥** 在低温弱光的冬季，土壤中的微量元素和有机质转化慢，不能满足根部吸收，所以应经常喷施叶面肥，如磷酸二氢钾、宝力丰、稀土等。

**追肥浇水** 门茄(瞪眼)期，结合浇水亩追硫酸钾 10 千克，磷酸二铵 20 千克，以后根据墒情及时浇水，隔 1 水亩追尿素 20 千克，盛果期一般追肥 4 ~ 6 次。

**特别提示**

茄子结果期最适宜温度白天为 25 ~ 30℃，气温高于 35℃或低于 15℃时落花落果，11℃以下停止生长。若夜间温度低时，要加盖纸被保温。阴天，纸被、草帘要晚揭早盖，遇上雨雪天气，也要坚持拉帘、掀被、敞棚，以防低温高湿而导致病害发生。空气相对湿度应维持在 80% 以下。

## 118 日光温室越冬茄子如何育苗?

越冬茬茄子栽培于 8 月份育苗，11 月初定植，元旦前后上市，可供应元旦、春节两大节日市场，价格高、效益好。同时，翌年

3～5 月份大量上市，销量大、产量高，一般每亩可收入 3 万元以上，是近年来深受菜农欢迎的茬口之一。

选用耐低温、弱光、品质好、着色好的适宜聚氯乙烯大棚膜下栽培的品种，如美引茄冠。该品种长紫色、绿把，在低温弱光下着色鲜艳，产量高。

为了促进种子后熟，提高发芽势和发芽率，杀死种子表面的杂菌，在浸种前晒种 1～2 天，要在土地上晒，忌在水泥地上晒种。晒过的种子放入 3 倍量的 55℃的温水中，不停地搅拌 15 分钟，待温度降到35℃左右时，浸泡 8～9 小时，捞出后晾干，准备播种。

床土要选用未种过茄果类菜的大田土，过筛后整成宽 1.2 米、长 5～6 米、厚 10 厘米的苗床。每块苗床的床土中拌入 1 千克磷酸二氢钾。要求苗床上虚下实、平整、无坷垃，床土全部过筛。整好后，浇大水，降地温，以利种子发芽。

苗床上每平方米用 50% 多菌灵可湿性粉剂和 50% DT(琥珀酸铜)杀菌剂各 10 克与 5 千克干细土混匀备用。将浸泡好晾干的种子均匀撒在苗床上，撒前先将配好的 1/3 的药土撒在苗床上再撒种子。种子撒完后，先将余下的 2/3 的药土盖在种子上，再盖 1～1.2 厘米厚的过筛细土，随即盖好地膜。

保持白天 25～30℃，夜间 16～20℃，温度高时要进行遮荫，可在竹拱上盖旧农膜，但只能盖顶部，四周要通风透光，最好用遮阳网，既遮荫，又防虫，效果较好。当 70% 种子露头后，要将地膜揭去。在 2 片真叶前要注意蟋蟀咬苗。可用辛硫磷与麦麸拌成毒麸，分堆放在苗床上，诱杀成虫。

播后 40 天，茄子苗 2～3 片真叶时，将苗距分成 10 厘米 ×10 厘米，苗床土同样按每平方米配 1 千克磷酸二氢钾及 50 克 50% 多菌灵和 50 克 50% DT(琥珀酸铜)杀菌剂。分苗后，保持温度 28～30℃，夜间 18～20℃，促进缓苗及生长。壮苗标准：苗高 15～18

厘米，6～9片真叶，苗龄80～90天，根系发达，呈乳白色，上部显大蕾。

**特别提示**

在定植前的5～7天，苗床浇1次透水，并叶面喷雾50% DT(琥珀酸铜)600倍液和65%百菌清600倍液的混合液，防止幼苗带病。定植时先在垄上开沟、浇水、放苗坨，株距35厘米，每亩栽2500株左右。待水渗下后封沟，封沟时注意嫁接苗接口要高出地面3厘米以上，以防接穗扎根及病菌侵染。全棚定植完后，整理垄面，覆盖地膜。

## 119 日光温室越冬茬茄子定植后如何管理?

定植后缓苗期间，一般不通风。白天棚温25～35℃，夜间17～22℃。缓苗后棚温控制在白天23～28℃，夜间15～18℃。定植浇过缓苗水后及时中耕，定植后10天左右灌第2水，适时深锄、培土，然后停浇水，实行蹲苗。

门茄似核桃大小时结束蹲苗开始浇水，同时施尿素20千克。以后每隔12～15天浇1水，间隔冲施尿素10千克。3月下旬以后，每隔7～8天浇1次水，每浇两次水需追一次肥，每次每亩施磷酸二铵15～20千克。

整个越冬期，要注意保持较高的棚温，白天25～30℃的棚温力求保持5小时以上；若午间棚温达到32℃，可通风降温，下午棚温降至25℃时，及时关闭通风口。夜间要加强保温，力求使其保持在15～20℃，最低不低于12℃。

2月中旬以后，要根据天气和棚内温度变化，通过通风口的打开和关闭，控制棚内温度。白天上午棚温27～32℃，下午27～22℃，上半夜22～17℃。阴雨天，白天棚温27～22℃，夜间17～

13℃。根据天气情况，及时揭草帘，尽量延长光照时间。注意清洁棚膜，保持较好透光率。阴雨天气，也要适当揭帘，使植株见散射光。

**特别提示**

定植后砧木会萌生许多新侧枝，应及时摘除。采用双杆整枝法，对植株基部的老叶、黄叶、病叶及多余的侧枝、多余花果要及时摘除。株高到1米以上需插架防倒伏。采用防落素、丰产剂2号或番茄灵沾花，防止落花落果。当果实达到商品成熟时及时采摘。

## 120 日光温室越冬茬茄子定植后如何进行肥水管理?

在茄子定植后，应勤中耕松土，少浇水，只要土壤不干就不用浇水，不追肥，防止棚温过高。浇水过多而徒长。12月中旬至翌年2月上旬，此期气温最低，植株生长缓慢，可不追肥浇水。2~3月份外界气温逐渐升高，植株生长增速，采收量加大，应追肥2~3次。在畦沟中每次每亩施腐熟的豆饼50~100千克，或复合肥15~20千克。结合追肥浇小水，保持土壤见干见湿，一般每隔7~10天浇一次水。

3~5月份外界环境条件适宜，茄子进入盛果期，这时应大量追肥，每隔10天1次，每次每亩追施复合肥20~25千克。有条件时，结合喷药可根外追施0.2%~0.3%的磷酸二氢钾或尿素液，或5%的草木灰浸出液等，一般每隔10天1次。结合追肥，及时浇水，一般每隔5~7天浇一次。

6~7月份天气炎热，加上市场价格下降，采收量下降。如在7月份拔秧，可不追肥。如在10月下旬下霜后拔秧，仍应每隔10天追1次肥，以氮肥为主，结合浇水冲施。

**特别提示**

8～10月上中旬，外界气候适宜，茄子又出现第2次采收高峰，8月上旬应中耕除草，并于畦两侧开沟追施饼肥，每亩施100千克，再冲施尿素2次，每次20千克。结合施肥及时浇水，保持土壤见干见湿，一般每隔5～7天浇一次。

## 121 日光温室越冬茬茄子如何高产栽培?

日光温室越冬茄子栽培可解决元旦、春节及早春的市场供应，采收期可从12月初延续到第2年5月底。近几年为延长茄子生长期、提高产量、增加经济效益，我们选用了日本长获茄子、美引茄冠、乌斯特等品种进行试验种植，摸索出日光温棚茄子栽培技术，现介绍如下：

播种前准备好营养土。每亩种植地需准备苗床15平方米，将配制好的营养土铺于苗床上，厚度为8～10厘米。7月下旬进行播种。当苗子具2～3片真叶时即可分苗，分苗后使株行距保持10厘米×15厘米。开沟栽植，先浇足底水，盖土后浇水时加0.2%多菌灵预防苗期病害。分苗后温度白天控制在23～28℃，夜间15℃。定植前对幼苗喷施2遍400倍的磷酸二氢钾溶液，以培育壮苗。

翻地需翻两遍，第1遍深翻30厘米，整平后施肥，每亩可施腐熟有机肥3000千克、磷酸二铵40千克、硫酸钾30千克、过磷酸钙50千克，而后翻第2遍，应浅翻，将肥料翻匀。

整地做畦，畦宽1.3米，沟深0.2米，每畦栽植2行，起垄定植，株距45厘米，浇足定植水。缓苗后垄中间开小沟作为放水渠，沟修好后覆膜。

门茄以下不留的侧枝应及早抹去，门茄以上只留4个强枝，并及时进行吊枝。底层茄子以下老叶适时摘除，以加强通风透光。冬季温度低，茄子落果严重，需点花保果。

门茄坐住之前，尽量少浇水施肥，控制营养生长，促进提早进入结果期。门茄开始膨大时浇水，随水每亩追施尿素 7 千克、复合肥 15 千克。采收期每周须浇水 1 次，每采收 2 批果实应追肥 1 次。门茄应早采，以促进植株生长，门茄以上的茄子可在茄眼发白时及时采收。

**特别提示**

对植株较开张的品种应及时进行更新生长。在四门斗茄(第 3 层茄子)采收后，选 2 个弱枝，基部留 5 厘米剪除，以促发新枝，待新枝开花结果后，再对另 2 枝进行更新，逐渐降低植株高度，延长结果期。

## 122 茄子越冬栽培有哪些技术要点?

越冬栽培的大部分时间处于寒冬低温季节。因此，栽培设施必须是保温性能良好的日光温室。茄子越冬栽培的播种育苗期为 8 月底至 9 月上中旬。在温暖、光照充足的秋季育出壮苗，在 10 月底至 11 月初定植在温室内，12 月中旬前后开始采收，直至翌年秋季。

育苗床应建在风障阳畦、小拱棚内。有条件时，直接建在日光温室内最好。播前种子处理方法同“春早熟”栽培。

越冬栽培茄子的苗期，前期外界温度较高，应采用大通风或遮荫的措施，降低苗床温度。育苗后期外界温度渐渐降低，应通过覆盖薄膜保持温度，勿让秧苗受冷冻害。定植前 5 ~ 7 天，应通风降温。控制的温度条件与“春早熟”栽培相同。

栽培地应施足大量有机基肥。栽后覆地膜，浇水浸畦。

冬季光照时间短，光照强度弱，应加强光照管理。在日光能射到棚面的情况下，尽量早揭晚盖草苫子。及时清洁塑料薄膜，保持良好的透光率。

夜间气温降至13℃以下时，就应扣严塑料薄膜。白天温度升高后再掀膜通风，随着外界气温下降，通风口应越来越小，夜间加盖草苫子。白天保持25～30℃，夜间保持15℃以上。

坠根茄、对茄应早采收，以免耗费营养过多，影响植株营养生长，及影响后面的花坐果。

**特别提示**

深冬，除了棚膜和草苫子保温外，还可在畦上加小拱保温。除了一般的防寒保温措施外，还可喷0.2%的磷酸二氢钾或0.5%的蔗糖液，或抗冻剂，每3～5天1次，提高植株的抗寒力。翌春天气转暖，中午棚内气温超过30℃以上时，可通风排湿，降温。当外界夜温在15℃以上时，可撤除草苫子，昼夜掀开塑料薄膜大通风。夏季应打开所有通风口降温，并利用顶膜遮荫，降低室内温度。

## 123 日光温室茄子的剪枝再生栽培有哪些形式?

茄子剪枝再生栽培技术是在头茬茄子生产结束前或结束后，利用主干中、下部新生的侧枝再次发棵并开花结果的技术。

茄子再生栽培，应选用生长势旺盛，分枝性强，耐寒、抗病和商品性好的中晚熟品种。如紫阳长茄、济农长茄1号等。茄子再生栽培按再生枝在植株上的高低位置不同，分为中部再生和下部再生两种形式。中部再生是在植株的中部选留再生枝，再生枝的位置比较靠上，生长势较强，发棵早，生长快，同时，再生枝上的花蕾质量比较好，结果早，坐果率较高。另外，植株上部的光照条件比较好，有利于果实生长，果实品质比较优良。如果是进行短时间的再生栽培，应选择该种再生形式。下部再生是在植株的下部选留再生枝，一般是从门茄下的主茎上选留再生枝。下部再生枝栽培空间比较大，栽培时间较长，易于获得高产。如果是通过再生技术进行加茬栽培时，则应选择下部再生形式。

再生栽培技术管理的核心是通过剪枝和剪枝后加强肥水供应等措施，促使已趋于衰弱的植株发生新壮芽，生成新侧枝，重新形成旺盛的植株，并再次出现结果盛期。

**特别提示**

再生枝一般斜向上生长，应及早吊秧固定。另外，由于不同植株再生枝发生的时间早晚不同，植株的高度也不相同，应根据植株的生长情况及时调节植株的生长势，防止植株间高度差异过大，保持田间生长整齐。

## 124 茄子多年生换头栽培如何播种育苗？

茄子在温度适宜的条件下具有多年生长的习性。实践证明，在冬暖大棚进行了茄子多年生栽培，可连续栽培2~3年，不仅节约成本，减少用工，而且实现了茄子的高产高效。其具体栽培方法是：

选用抗寒性强、长势旺、耐弱光、抗病、品质好、产量高的当地品种。一般8月中旬至9月上旬播种，10月中下旬至11月上旬定植，苗龄60天左右。播种前在苗床施基肥，打细整平，灌足底水，待水渗入后，将药土铺到床面上，然后播种，每平方米播4~5克，播后再将药土盖在种子上，最后要求覆土厚度达1~1.5厘米，种子拱土至齐苗时，撒施细土，防止带帽出土，减少蒸发。

播种至出苗，白天25~30℃，夜间20~22℃；齐苗至顶心，降低昼温在25℃以下，夜温维持在17～18℃，注意通风防止幼苗徒长；真叶出现至分苗前，加大通风口降低畦内温、湿度，防徒长，炼好苗，为分苗入营养钵做准备。

用肥沃园田土6份加腐熟的圈肥4份，每立方米土、粪再加入四元素1.5～2千克，拌匀后用300～500倍福尔马林溶液喷雾，每立方米喷药液250毫升，再用塑料布盖严闷1～2天，装钵前翻堆、通风，防止残药影响秧苗。

茄苗3～4叶时分苗入钵，注意钵内水分要洇透，缓苗阶段视天气进行通风，防止烤苗。分苗后一般钵内营养土养分较足，不需再施肥，要见湿、见干。随幼苗逐渐长大，要经常倒钵，拉开距离防幼苗徒长和长势不均。

**特别提示**

结合深翻亩施腐熟有机肥8000～10000千克、硫酸钾70千克，高垄地膜栽培。要求做成宽1.2米、高15厘米高垄，双行定植，大行距65厘米，小行距45厘米，株距50厘米，小行间开沟准备膜下暗灌。

## 125 茄子多年生换头栽培定植后如何管理?

定植前，老温室要进行室内消毒，防治病害，每立方米空间用硫磺5克加80%敌敌畏0.1克，锯末20克混合后点燃密闭熏蒸一昼夜。放风后，进行定植。

**缓苗期管理** 定植后6～7天内一般不通风，室温白天保持在28～30℃，夜间15～20℃，不低于13℃，如中午室温过高可开顶窗做短时通风。晴天中午如出现茄苗萎蔫，可放下部分草苫遮荫，定植10～15天后浇水，水后整好垄面覆地膜，封好定植孔，用土压好膜边缘，以便于培土护根。

**结果前期管理** 要求白天室温25～30℃，保持5个小时以上，中午超过32℃利用顶窗通风，下午室温降至25℃，及时关好通风口，夜间注意保温，维持16～20℃，最低不低于12℃。

缓苗后，即可开始施放二氧化碳气肥，掌握温度，晴天施放效果更好，有显著的增产作用。门茄核桃大小前可不浇水，开花期更应注意，否则影响地温，造成徒长，易出现落花落果。未盖地膜的可多次进行沟间松土，提温保墒。当门茄长到鸡蛋大小时，进行少水追肥，宜选晴天上午进行膜下暗灌。结合浇水亩追施尿素10千克，硫酸钾10千克。同时揭开地膜进行一次培土，促进发根，防止中后期倒伏，培土后盖好地膜。

当花欲开和刚开的花，可用40～50毫克/千克的防落素或丰产剂2号加上农利灵或万霉灵少许，于上午沾花。第1分枝以下的侧枝全部抹去，以免消耗养分。

**特别提示**

带蕾定植的壮苗定植后20多天可开花。从开花到门茄采收约需30天，重点是促植株生长健壮，促进门茄提早坐果成熟；维持营养生长与生殖生长的均衡状态，为今后能实现安全越冬，提高产量创造条件。

## 126 茄子多年生换头栽培盛果期如何管理?

门茄采收即转入结果盛期，茄株生长量加大，结果数量增加，要求有适宜的温度、光照条件和充足的肥水供应。

**温度管理** 开始进入结果盛期正是12月底和翌年2月下旬，正值气温最低、光照条件最差的季节，管理上属深冬期管理。生产上以增温保温为中心，尽量满足茄子盛果期对温度、光照的要求。室温白天保持在25～30℃，夜间15～20℃，最低12℃，晴天草苫尽可能早揭早盖；阴天适当晚揭、早盖；前窗增加围苫，有条件的加盖一层纸被，减少通风。进入3月份以后，气温回升，光照时间增加，白天当室温超过32℃时，开顶窗通风，注意做好浇水后的通风排湿，以后随气温升高，加大通风量，盛果后期，浇水量和浇水次数增加，白天可通底风，将前窗膜卷起，当夜间室温16℃时，可不关顶窗。

**光照管理** 光照不足易形成短柱花和畸形果，要求每天坚持擦净棚膜表面灰尘，降雪时要及时清除积雪，后墙可加设反光幕，改善光照状况。

**肥水管理** 盛果期浇3~4次水，间隔一次随水追肥，亩用尿素10~15千克，多元复合肥10千克，视苗情确定肥量。

**整枝** 门茄以下侧枝全部打掉，上部采用双干整枝法，即在对茄形成后，剪去两个向外的侧枝，形成两个向上的双干，当四门斗茄果坐住后，在茄果之上4片叶进行摘心，每株保持结7个果，或采用习惯整枝法，即四门斗、八面风、满天星式。

**特别提示**

为防止坠秧结合市场情况，尽量适时采收。适收期判断标准，茄子萼片果实相连处有一条明显的白色或淡绿色环状带，环状带明显时，表明果实正在快速生长，不宜采收；环状带不明显或正在消失表明果实已停止生长，应及时采收。

## 127 茄子多年生换头栽培如何换头及管理?

盛果期过后随夏季到来，作为换头栽培要加强管理。坚持施肥复壮；做好防雨排涝、松土、护根；积极除治病虫；清除老叶、病弱侧枝；注意培养保护茎基新生侧枝，为换头做好准备。

**平茬换头第1次修剪** 在注意保留盛果后期出现的新生侧枝

的基础上，于7月底至8月初，剪掉老、弱、病枝，留健壮老侧枝以辅养新生侧枝。剪口用农用链霉素1克加80万单位青霉素1支另加75%百菌清可湿性粉剂30克，对水25～30毫升，调成糊状，涂于剪口处，防止感染病菌。剪枝结束后，起垄培土，亩施四元素20～30千克，并浇足水，促新生侧枝生长。

**8月中旬进行平茬换头** 方法是于茎基部新生健壮侧枝上10～15厘米处剪掉全部老枝，剪后伤口要按前面方法涂药。另用甲霜灵或瑞毒霉600倍液灌根，防止土传病害，促进根系发育。平茬换头后加强肥水管理，最终只留一个健壮的新生侧枝，其余全部去掉，一般平茬后20多天新生侧枝开花，40天左右门茄上市。

**特别提示**

植株修剪后1个月左右，茄子就可开花结果。当有50%的植株见果后，肥水齐供。每隔10～15天浇一次水，隔一水追一次肥，每次每亩冲施尿素20～25千克，磷酸二氢钾5千克，后期注意追施硫酸钾，还可叶面喷施磷酸二氢钾及糖醋液，防止植株早衰，其他管理同常规栽培管理措施。从生产情况看，多年生茄子一般前两年效益好，第3年由于病虫害影响及根系老化，产量较低。因此，一般进行两年栽培较好。

# 保护地茄子生理障碍的发生及对策

茄子生理性病害是指生长发育过程中由于缺少某种营养元素、受不良环境条件影响或栽培不当，导致生理障碍而引起的异常生长现象，在栽培过程中发生较为普遍。特别是棚室环境下栽培的茄子，由于气温不稳定，湿度大、土壤盐渍化、环境密闭等问题，常诱发一些生理性病害，如畸形花、裂果、茄子着色不良等。随着保护地栽培措施的增多，茄子生理已成为影响茄子产量和质量的重要问题。

## 128 为何播种后迟迟不出苗?

催芽的种子播种后4天以上、未催芽的种子播种后7天以上才开始出苗，都属于迟迟不出苗的现象。此现象在高温期和低温期都容易出现，但以低温期最为突出。出现此现象的原因主要有以下几个方面。

**苗床温度偏低** 茄种正常发芽的土温为25～32℃，温度低于15℃，种子便出苗缓慢。

**种子质量差或新种子未打破休眠** 陈种子和发霉、受潮的种子都比正常的种子出苗时间长。刚收的新种子有一定的休眠期，如果马上播种，必须打破其休眠，否则就会出现迟迟不出苗的现象。一般可用5万国际单位的赤霉素0.5万~1万倍液浸种8~10小时。

**播种过浅或过深** 茄子播种适宜的覆土厚度为0.5~1厘米，覆土厚度小于0.5厘米叫播种过浅，种子因不能正常吸水而落干，从而延缓出苗；覆土厚度超过1厘米则叫播种过深，由于茄种小，种芽顶土力弱，播种过深时，种苗出土时间也相对较长。

**播种时未浇足水** 高温期播种如果未浇足水，会使种子因吸水不足而出苗缓慢。

**苗床施肥过多** 施肥过多对种芽造成一定伤害，降低种胚生长势，从而导致出苗缓慢。

**苗床板结** 苗床板结一方面会引起土壤中氧气含量不足，导致种胚生长缓慢，延迟发芽；另一方面使表土变硬茄子种芽顶土阻力增大，出苗缓慢。

## 129 苗床内为何出现“带帽苗”？

茄子“带帽苗”即种壳夹着子叶出土，属于不良苗。

种子成熟度不够，贮藏过久或受病虫危害，使种子活力降低，出土时无力脱壳，种后又未严格保墒，幼苗尚未出土，表土已干，使种皮干燥发硬，不易脱落。幼苗刚一顶土，过早地去掉覆盖物，特别是晴天中午去掉覆盖物，也容易使种皮变干不易脱落。播种时，如果将菜种竖直插入土中，菜种上部接触的土壤面积小，土壤压力不足，加上接近地面的种皮易干燥，整个种子吸水不均匀，也易形成“带帽苗”。

避免发生“带帽苗”的主要措施有：选用发芽力强的饱满的新种子；浇足播种水，保持苗床水分充足；掌握种子正确的播种深度；播种后保持苗床表土湿润，特别是高温期播种更应注意。

种子出苗始期发现“带帽苗”，如果是因播种过浅引起的，可适当喷水或向苗畦面均匀撒盖1层0.5厘米厚的过筛湿细土；如果是种子原因引起的，则在上午幼苗刚出土时，用手摘掉种壳。除人工辅助脱壳外，可在傍晚向苗上喷水，使种壳吸水变软后，用软毛刷轻轻从苗上扫掉种壳或经过一夜，子叶可以自动脱壳。

**特别提示**

幼苗出土后，种皮不脱落而夹住子叶的现象叫顶壳出土，又叫“带帽苗”。番茄、茄子、辣椒、黄瓜、南瓜、西瓜、甜瓜等瓜菜的出苗期，容易发生这种现象。发生顶壳的幼苗，因子叶被种皮夹住不能顺利展开，妨碍光合作用，使幼苗生长不良成为弱苗。

## 130 苗床内为何出现高脚苗?

苗床内出现“高脚苗”，即为徒长苗，其形成的主要原因有土壤湿度过大、光照不足以及温度过高。

避免“高脚苗”的产生，可采取以下措施：苗床内不要长时间保持较大的土壤湿度。低温期苗床温度偏低，失水慢，应少浇水；高温期苗床失水较快，床土易干，可适当多浇水；保持苗床内充足的光照。充足的光照能够抑制幼苗的旺长，因此在保证苗床内温度需要的前提下，应及早揭开苗床上的保温覆盖材料，尽量延长苗床的自然光照时间；适当降低苗床温度。当苗床内有半数的幼苗出土后，要把苗床白天的温度降低到25℃左右，夜间温度不要超过15℃。

当苗床内出现“高脚苗”后应针对性地采取以下措施：对于由于苗床土壤温湿度过高引起的徒长，应采取通风降温、降湿措施，并增加苗床光照。对于由于苗床内的茄苗密度过大，苗间拥挤而引起的徒长，应及早疏苗，并增加苗床光照。

**特别提示**

苗床出现“高脚苗”后，在采取相应措施的同时，还应进行叶面施肥，给苗补充营养，促其尽快转壮。可叶面喷施 0.1% 磷酸二氢钾或 1% 优质复合肥液。对于较严重的徒长，除采取上述措施外，还可以叶面喷洒矮壮素、助壮素等，抑制茄苗的生长。

## 131 怎样识别茄子沤根？如何预防沤根的发生？

茄子沤根主要在苗期发生，成株期也有发生。沤根的主要症状表现为根部不长新根，根皮呈褐锈色，水渍腐烂，地上部萎蔫易拔起，日久后幼苗或植株死亡。

防止沤根的方法有：苗期和温度低时不要浇大水，最好采用滴灌等方式浇水。选晴天上午浇水，保证浇后至少有 2 天晴天；加强壮苗的培育，促进根系生长；如果是保护地栽培，就要按时揭盖草苫，阴天也要及时揭盖，充分利用散射光，增加气温及地温，增加光照。

**特别提示**

沤根的主要原因是温度低、湿度大，造成根压小、吸水力差。沤根在保护地栽培时更容易发生。

## 132 茄子受到低温冷害时有什么症状？怎样预防？

茄子苗期受低温冷害，叶缘干枯；严重时植株枯死。成株受害，叶片边缘或两叶脉间叶肉呈黄绿色，后变为黄铜色至干枯。果实畸形，幼果生长期拉长，不膨大，果皮发硬，果肉、心室与皮层分离，严重时维管束呈褐色，味苦。根毛变褐，无新根，无新花蕾，生长缓慢或停止生长。

预防茄子受到低温冷害，要求选择晴天定植茄苗。保护地或早春露地茄子，应选在晴天定植，利于早扎根，提高抗寒力。防寒保温。保护地采用多重覆盖、增加保温设施及增加光照，如采用保温被、纸被等作外层覆盖，室内夜间挂保温幕、加地热线，挂反光幕、常清洁棚膜等措施。

**特别提示**

茄子性喜高温且要有充足的光照条件才能健壮生长，若在开花结果期遇低温，特别是在严冬季节遇长时间低温(白天18～20℃，夜温8～10℃)，或遇长期阴雨(雪)天气，短期阴雨天气时夜温低于10℃，茄子授粉受精不良，叶片、生长点及根部都容易受害。

## 133 茄子果实向阳面出现白色或浅褐色斑是什么病？怎样预防？

这是由于阳光太强灼伤茄子果面形成的，又称为茄子日烧病。症状表现为果实向阳面首先出现白色或浅褐色斑，以后逐渐扩大，组织坏死，呈淡黄色或灰白色革质化，日烧斑部易感染病害，长出霉层或腐烂。

预防茄子发生日烧，在品种上要选用早熟或耐热的品种，如济南小早茄、长茄1号等。合理密植，实行宽窄行定植，加强肥水管理，喷施微肥或激素。如叶面喷施促丰宝液肥600～800倍液，或植宝素2500倍液，促使植株枝叶茂盛。用15%的粉锈宁500倍液喷雾，防治早期落叶病。合理进行枝叶调整，适当保留枝叶量。

**特别提示**

茄子日烧发生原因主要是栽植过稀或管理不当，使果实暴露在强光下，或在保护地栽培时棚膜上水滴滴在果实上，经阳光照射后聚光吸热，致使果皮细胞灼伤。当土壤干旱或空气干热时易发病。

## 134 怎样识别茄子畸形花？如何预防？

正常的茄子花大而色深，花柱长，开花时雌蕊的柱头突出，高于雄蕊花药之上，柱头顶端边缘部位大，呈星状花，即长柱花。生产上有时遇到花朵小、颜色浅、花柱细、花柱短，开花时雌蕊柱头被雄蕊花药覆盖起来，形成短柱花或中柱花。当花柱太短，柱头低于花药开裂孔时，花粉则不易落到雌蕊柱头上，不易授粉，即使勉强授粉也易形成畸形花或花脱落。

预防茄子产生畸形花，要从苗期开始。茄子播种后应注意保温，苗期白天温度保持在20~25℃，夜温17℃左右，尤其是地温保持在15℃以上能缩短育苗时间，促进花芽分化。苗床土应肥沃，速效性氮肥应保持在100毫克/千克以上。进行人工授粉，或者用防落素喷花，可有效防止落花。

**特别提示**

畸形花是花的发育、形态受环境条件和植物营养状态影响造成的。棚室茄子处在夜温高、光照比较弱的条件下，由于棚膜透光率低、光照弱，影响光合作用，碳水化合物生成得少，但在夜温高的情况下消耗却很多，再加上底肥施用量不足，尤其是氮、磷不足时，造成花芽的各个器官发育不良，易出现短柱花，形成畸形花或脱落。

## 135 茄子皮果发乌是什么原因引起的？怎样预防？

在生产中，常见到一些茄子皮果发乌，无光泽，木炭状。这种果实一般是从果实顶端开始发乌，严重时整个果面失去光泽。乌皮果的果皮弹性不好，果实含水率比正常果低，有些果实变短呈灯泡形，失去商品价值。

茄子皮果发乌主要是由水分不足引起的。如果在茄子果实膨大期缺水，会影响果皮细胞正常发育，使表皮变厚，果面不平滑，看起来发乌。另外叶片大、生长发育旺盛的植株在高温干燥时也会增加乌皮果的发生率；越冬栽培的茄子在 4 月份以后，中午高温时大量通风，容易产生乌皮果。幼果基本无乌皮现象，一般在开花 15 天以后果实才会部分发乌，收获期易产生全乌果。

为了避免出现这种现象，要求做到合理灌溉，缓苗至采收初期适当控水，防止徒长，开始采收后适当加大灌水量，以提高茄子的产量和品质；深翻土地，增施有机肥，促根系生长，植株茂盛；采用嫁接育苗技术，扩大根系分布范围，减少病虫害的发生。

## 136 怎样判断茄子缺少某种营养元素？

当茄子缺氮时，叶片颜色变淡，老叶发黄，重时干枯脱落，花蕾停止发育，心叶变小。防治茄子缺氮要求做到避免积水，多施优质农家肥做基肥。缺氮时及时补充碳酸氢铵、尿素等速效氮肥，一次施肥量不宜过大。

当茄子缺磷时，茎秆细长，纤维发达，花芽分化和结果期延长，叶片变小，颜色变深，叶脉发红。缺磷主要原因是土壤酸性大，有效磷被铁、镁氧化物固定，无法吸收；地温低，土壤湿度大，氮肥施用过多阻碍了茄子对磷的吸收。在施用基肥时要施足过磷酸钙或磷酸二铵；栽培过程中发现缺磷时，可叶面喷施 0.2% 的磷酸二氢钾或 0.5% 的过磷酸钙溶液。

当茄子缺钾时，初期植株心叶变小，生长慢，叶色变淡。后期叶脉间失绿，出现黄白色斑块，叶尖叶缘渐干枯。缺钾主要是因为土壤含钾少，钾肥施用量不足；地温低，光照不足，土壤湿度大也会阻碍植株对钾的吸收。预防缺钾，要多施有机肥做基肥，防土壤积水，及时中耕提高地温；棚室栽培时要及时揭盖草苫；生长期发现缺钾可施硫酸钾、氯化钾、草木灰；也可以用0.2%磷酸二氢钾溶液和10%草木灰浸出液进行叶面喷施。

当茄子缺钙时，植株生长缓慢，生长点畸形，幼叶叶缘失绿，叶片的网状叶脉变褐，呈铁锈状叶。在连续多年种植蔬菜的土壤中，容易造成缺钙。预防缺钙的方法是，按时浇水施肥。缺钙时及时补施钙肥，或用20%氯化钙溶液叶面喷施，每隔5天喷1次，连喷2~3次。

## 137 茄子为什么会落花落果？如何预防？

造成茄子落花落果的原因大致有以下几个方面的原因。

一是湿度不适。茄子结果期要求较高的温度，结果期适温白天25~30℃，夜间15~20℃，气温低于15℃或高于35℃，生长缓慢，落花严重，在生产中表现前期及夏季结果较少。

二是花的发育状态不良。当茄子花发育差时，花柱短于花药，很难得到授粉，大部分落掉。

三是营养欠缺。缺肥少水，则植株生长细弱，养分用于自身生长，导致生殖能力低下，坐果少。

四是追肥不当。追肥太早，导致植株徒长，养分大量用于枝叶营造，导致花果脱落；施肥时，肥料之间比例失衡，也易引起植株徒长或长势衰弱，不利于坐果；追肥不及时，导致植株脱肥，出现早衰现象，也不利于坐果。

五是光照条件差。茄子为喜光作物，对光照时间要求不敏感，但对光照强弱要求严格，光照弱时，植株生长发育减缓，成花少，花芽质量差。

六是病虫危害。危害茄子的主要病虫害有黄萎病、蚜虫、红蜘蛛等。

为了预防茄子落花落果，在结果期适温范围内，宜使温度稍低，白天控制在25℃左右，夜间控制在15～20℃，使花芽分化稍迟缓，有利长柱花的形成；加强肥水管理，保持植株长势中庸；在生产中要注意观察植株的长势，应注意采用“强控弱促”的方法平衡植株的长势；加强植株调整，保证植株有良好的通性要及时摘除老枝老叶，由于茄子一般在分杈处花结果，因而应注意促生分杈，一、二、三级分杈处的花，都能很好地发育和坐果，为有效花；而四级分杈后的分枝所开的花，多为无效花，应当摘除。

**特别提示**

预防茄子落花落果的关键是促生较多长柱花，减少短柱花的比例，以利着果率的提高。

## 138 茄子什么会裂果？如何预防？

在茄子生产中，常可以看到果实开裂的现象。裂果可以分为萼裂和果裂两种。萼裂是从萼片纵裂，果实木质化，多数向裂口一侧弯曲生长，严重的果肉外露。果裂多从茄子顶部开裂，裂口处呈黄褐色，果皮粗糙无光。

萼裂果的产生除由茶黄螨危害引起外，还与生长调节剂的使用有关，生长调节剂浓度过大，使用次数过多，或在幼蕾期使用，均易促发萼裂果的形成，尤其是大量使用防落素后，会使萼裂果增多。果裂一般是在极度干旱后突然浇水，果肉生长速度过快而引起的。

预防裂果的发生，要尽量不使用2，4－D，使用其他生长调节剂时也应严格掌握浓度。使用时间也需严格掌握，不在中午高温时及幼蕾期进行，避免重复处理；保持适宜的田间湿度，防止过于干旱后大量灌水造成土壤水分剧烈变化。

**特别提示**

茄子裂果的预防，主要是针对发生原因，对症进行预防。

## 139 什么是茄子叶烧病？如何预防？

茄子叶烧病是一种生理性病害，育苗期和大棚栽培中都发生，植株的上中部叶片易发病，尤其是接近或触及棚膜的叶片更为严重。叶烧初期叶绿素减少，叶片的一部分变成漂白色，后变成黄色枯死。发生叶烧病轻则叶尖或叶边缘变白，重则整个叶片变白或枯焦。

预防茄子叶烧病，主要是要做好栽培管理。采用保护地栽培的，要做好棚室的通风管理，避免长时间出现35℃以上的高温。当阳光照射过强时，棚室内外的温差过大，不便通风降温或经过通风仍不能降低到所需的温度时，可采用遮荫办法降温。高温闷棚要严格掌握温度和时间，以植株的龙头处气温44～46℃，维持2小时安全有效。龙头高触棚顶时要弯下龙头。高温闷棚的前一天晚上一定要灌足水，提高植株的耐热力。

**特别提示**

茄子叶烧病主要是阳光过强或大棚放风不及时，造成大棚内光照过强，温度过高而形成的高温危害，棚内温度高，水分不足或土壤干燥会加重烧叶发生。

## 140 茄子僵茄是怎样产生的？如何预防？

有些茄子果肉海绵组织致密僵硬，果实不膨大，种子量明显减少，或基本无种子，而且口感极差，这种茄子果实在生产称为僵茄。

产生僵茄的原因很多。如开花结果期温度低于17℃或高于35℃，花粉管伸长不良，授粉不完全，就无法形成种子。夏季茄子果实膨大期受高温影响，尤其是在高夜温的条件下，茄子呼吸旺盛，碳水化合物消耗大，果实生长缓慢。同一株上结果过多，株体不堪重负，易产生僵果现象。铵态氮高、钾多、弱光、多湿的条件也会使僵果增多。

预防僵茄的产生，要选择适宜品种，定植时选留壮苗，摘掉门茄花朵，采用配方施肥技术，叶面喷施1%尿素溶液加0.5%磷酸二氢钾加0.1%膨果素混合液，促进植株生长，果实肥大；坐果后根据植株生长情况疏果。棚室温度控制在30℃以下，及时通风换气防止高温，昼夜温差不能小于5℃；进行人工授粉或用番茄灵涂抹花柄，也可用防落素喷花，防止中、短柱花的形成，促进果实膨大。

**特别提示**

产生僵茄的原因多种多样，高温、营养过旺、激素处理花朵、旱情严重、土壤养分不足等。预防僵茄的根本措施是健康栽培。

## 141 棚室栽培的茄子为什么有的茄果着色不好？如何预防？

在棚室栽培条件下，有的本应是紫色的茄果，颜色却呈淡紫色或红紫色，甚至为绿色，而且大部分果实半边着色不良，严重影响商品价值。造成这种现象可能有以下几种原因。

首先是由于棚室的塑料薄膜会阻挡紫外线的进入，而紫外线又是茄果着色不可缺少的，如果塑料膜污染，这种现象就更加严重。另外，在茄子坐果后，如遇持续阴雨天气，也会导致茄果果实着色不良。早春或冬季栽培的茄子，在果实膨大期正处在光线较弱的季节，如在此期间再遇有高温干燥条件，或营养不良，不仅会着色不好，而且无光泽。

预防茄果着色不好，首先要选用耐低温的品种，要求透光良好，最好使用透光性能好的无滴膜，还要经常清除积在膜上的尘土。棚室栽培茄子要求合理密植，一般亩 3000 株左右，不可过密，否则植株中下部透光不良影响着色。同时还应进行适当疏枝。坐果后残存的花瓣、花萼和枝杈等应及时去掉，以防感染灰霉病而影响着色。棚室栽培，要尽量延长光照时间，阴天时可采取人工补光的办法进行补光。

**特别提示**

茄果着色不好主要由于光照不足引起的。

# 茄子病虫害防治

茄子在其整个生长发育过程中可发生多种病虫害。病害发生后，如果不及时进行防治，将会导致减产，降低商品品质，甚至绝收。而对茄子病害的防治来源于准确地识别病害的种类，田间感官的诊断技术十分重要，只要我们了解了病虫害的主要症状，就能对茄子病虫害的种类进行准确无误的识别，以便采取相应的防治措施。

## 142 茄子常见的病虫害有哪些?

茄子常见的病害有猝倒病、立枯病、褐纹病、黄萎病、绵疫病、青枯病、早疫病、灰霉病、菌核病等。苗期常发生的主要病害为猝倒病和立枯病，连作地块容易发生黄萎病，保护地内容易发生灰霉病。

茄子常见的害虫有：地老虎、蛴螬、白粉虱、茄二十八星瓢虫、茄黄斑螟、蝼蛄、红蜘蛛、蚜虫、截形叶螨、茶黄螨等。

## 143 无公害蔬菜生产中如何选用农药?

首选是尽可能选微生物农药或生化制剂。微生物农药或生化制剂(农用抗生素)既能防病治虫，又不污染环境和毒害人畜，且对天敌安全，害虫不产生抗药性。如青虫菌6号、井冈霉素、春雷霉素、农用链霉素、BT乳剂、农抗120等。

二是可以选用一些土农药。如800～1000倍液的尿洗合剂(1份尿素、0.2份洗衣粉、100份水混合而成)、石灰烟草水(石灰少许浸泡烟草一昼夜过滤而成)等，对蚜虫的防治效果达85%以上；将20～30克大蒜、洋葱捣碎成泥状，加10千克清水充分搅拌，取其过滤液进行喷雾，对蚜虫、红蜘蛛均有很好的防治效果。

三是选用选择高效、低毒、低残留的化学农药。无公害蔬菜生产允许限量使用某些低毒化学农药，但蔬菜体内的有毒残留物质不能超过国家规定标准，且在人体的代谢产物无害，容易从人体内排除，对天敌杀伤力小。如敌百虫、杀灭菊酯、辟蚜雾、克螨特、功夫乳油、波尔多液、DT、多菌灵、甲基托布津、百菌清、代森锰锌、乙膦铝、硫酸锌、磷酸三钠、弱病毒疫苗N14等。

四是有针对性地选择药效较好的中等毒性农药。在采用低毒低残留农药不能扑灭病虫害的情况下，可用中等毒性农药，但使用这类农药必须注意两点：一是严格按照农药安全使用规程施药，不随便增加浓度和施药次数；二是选择其中毒性相对较低的药剂，如杀虫双、好年丰、巴丹等。

五是选择特异性昆虫生长调节剂。如灭幼脲、农梦特、伏乐得、抑太保等，这类化学农药，杀虫机理是抑制昆虫生长发育，使之不能蜕皮繁殖，其杀虫性很高，且对人畜毒性极低。

**特别提示**

严禁施用“两高三致”(即高毒、高残留，致畸、致癌和致突变)的化学农药。如甲胺膦、呋喃丹、1605、1059、3911、氧化乐果、杀虫脒、杀扑磷、六六六、DDT、甲基异柳磷、磷化锌、久效磷、氟乙酰胺、有机汞制剂等。有些农药虽低毒但残留长，也不宜在蔬菜上使用。如三氯杀螨醇，其成分分解慢，施药一年后作物中仍有残留。药剂防治前要把能采的果全部采下，一般允许使用的杀菌剂的安全间隔期为7～10天，生物制剂为3～5天，菊酯类农药为5～7天，有机磷为5～7天。

## 144 怎样识别和防治茄子猝倒病？（视频20）

猝倒病是茄子苗床的重要病害之一。茄子幼苗出土前或出土后均能受害，未出土的幼苗发病，胚茎和子叶变褐腐烂，幼苗枯死。幼苗出土后发病，茎基部最初呈水渍状，以后病部变成黄褐色，缢缩成线状。猝倒病病情发展很快，常在子叶尚未凋萎前，幼苗就折倒贴伏于地面，但幼苗仍呈青绿色，所以称为猝倒。在低温高湿时，寄主病残体表面及其附近的土壤上，常长出一层白色棉絮状菌丝。在苗床中，开始时只见个别幼苗发病，几天以后即以此为中心向周围蔓延扩展，最后引起成片幼苗猝倒。

由于猝倒病发展很快，因此要以防为主。育苗时要选高燥地做苗床，床土要多暴晒，肥料要充分腐熟。应选择避风、向阳、排灌方便、未种过蔬菜的田块做苗床，选择有利于采光，提高地温，调节苗床温度的地方建大棚。做好土壤消毒工作，即每平方米用敌克松2～3克加50%多菌灵2～4克混合均匀撒于苗床。播种前种子用52℃的温水浸泡15分钟，或用清水浸泡10～12小时后，再用1%硫酸铜浸5分钟，捞出后再用25%甲霜灵·锰锌400倍液浸10小时，洗净晾干催芽。或者要播种时用50%多菌灵8～10克，加15千克细土拌和成药土，2/3药土撒床面作垫土，1/3于播后覆种子面上。育苗期前期以保温为主，后期适时降温炼苗；出苗后如要浇水，应择晴天浇水，切忌大水漫灌；采用无滴膜盖大棚，并经常做好通风工作，加强炼苗。幼苗发病期可喷50%多菌灵可湿性粉剂500～600倍液，或75%百菌清可湿性粉剂600倍液。苗床过湿时可撒细干土或草木灰，发现病株，立即拔除。

**特别提示**

育苗期温度过低，易发生猝倒病，空气湿度大，尤其是床土湿度大时，对幼苗根系生长不利，抗病力降低，有利于病害的扩展和蔓延。若光照不足，幼苗生长衰弱，则易得病。在贫瘠、黏重的土壤中病害发生较重，而在有机质丰富、通透性良好的沙壤土发病较轻。

## 145 怎样识别和防治茄子立枯病?

茄子立枯病主要发生在育苗的中后期。发病初期先在茎基部产生椭圆形的暗褐色病斑，白天萎蔫，夜间恢复。以后病斑绕茎1周，并向下凹陷、干缩，最后植株死亡。育苗中期以后，苗子茎部已经木栓化，所以发病也不倒伏，发病的部位也多无稀疏的白霉，只有蜘蛛网样的淡褐色霉层。这是它与猝倒病的主要区别。

除采取猝倒病的防治方法外，在发病后及时用药防治，有一定的效果。药剂可选用20%的甲基立枯磷1200倍液，或50%扑海因可湿性粉剂1000～1500倍液，交替使用，每隔7天灌药1次，连灌3～4次。在播种后至出苗期连喷3次800～1000倍的高锰酸钾液，效果很好。

**特别提示**

茄子立枯病病菌在土壤或植株残体上越冬，在土壤中可以存活多年，腐生性很强。通过伤口或表皮侵入幼茎和根部，还可以通过滴水、流水、农具及带菌堆肥传播危害。

## 146 怎样识别和防治茄子褐纹病？（视频 21）

茄子褐纹病整个生育期均可发生。主要危害茄子叶片、茎基和果实。

苗期茎基部发病，病斑褐色或黑褐色，病斑稍凹陷、收缩，扩大至绕茎一周，产生立枯状，病部生有许多小黑点，以别于立枯病。

成株期叶片自下而上发病，病斑近圆形或不规则形，初期苍白色水渍状，后期病部扩大连片，常干裂、穿孔或脱落。

成株期茎部多在基部受害，开始出现水浸状梭形病斑，而后边缘褐色，中央灰白色凹陷，扩大为干腐溃疡状，其上生有许多隆起的小黑点，后期皮层脱落，木质部外露，容易折断。

果实受害后，初为水浸状浅褐色病斑，凹陷、圆形或近圆形，渐变为黄褐色，病部发软，病斑扩大到整个果实时，常有明显轮纹，其上密生黑色小粒点，病斑在扩展过程中常留下明显的同心轮纹。严重时病斑连片，引起果实腐烂脱落或残留在枝上干缩成僵果。

防治茄子褐纹病，要播种前用55℃热水恒温浸种 15 分钟。播种时，用50%多菌灵可湿性粉剂 10 克拌细土 2 千克配成药土，下铺 1/3，上盖 2/3。实行 2～3 年以上轮作。加强田间管理，合理密植，平衡施肥，提高植株抗病性。

发病初期，可用75%百菌清 600 倍液，或 70%代森锰锌 500 倍液，或 64%杀毒矾 500 倍液，或 50%甲霜铜可湿性粉剂 500 倍液，或 58%甲霜灵锰锌可湿性粉剂 400 倍液等药剂间隔 10 天喷雾。也可用45%的百菌清烟剂与喷雾交替使用。

**特别提示**

茄子褐纹病的病原菌在土壤中或病株残体上越冬，能活2年多。如种子带菌，易造成幼苗发病。病株上的病菌通过风雨、灌溉水等传播。病菌生长最适宜的温度为28～30℃。高温、高湿条件是茄子褐纹病发生的重要条件。

## 147 怎样识别和防治茄子黄萎病？（视频22）

茄子黄萎病是茄子的主要病害之一，世界各地都有发生。露地和保护地茄子都受害，重茬地更重，茄子受害后一般减产10%～20%，严重的减产30%～50%。

病菌在苗期即可侵染，但一般多在定植以后出现病症。门茄坐住以后，症状愈加明显。发病株一般较矮，病叶有从下部向上部发展的趋势。但是从全株来看，先是一个枝条变黄，以后发展成半边变黄，因此该病俗称为“半边疯”。发病叶片先是叶脉间、叶尖或叶缘褪绿、变黄，逐渐发展至整片叶变黄或黄化斑驳；发病严重时，早期病株晴天高温时病叶萎蔫，早晚或天气阴凉时恢复，后期病株彻底萎蔫，叶片黄萎、卷曲、脱落，严重时只剩下茎秆或心叶，植株死亡。但是一般不出现整株枯死的现象，仅从一侧的几片叶开始出现病症，待病害发展到晚期，植株方才枯死。

将病株根、茎、分枝及叶柄等剖开，可见维管束变成褐色，但无白色菌液渗出。通过经上几点可以鉴别该病与青枯病，比较准确。由于黄萎病症状的多态性，可分为3种类型。①黄色斑驳型：植株不矮化，仅少数叶片出现黄色的斑驳，一般叶片不枯死。②黄斑型：植株稍矮化，叶片由下向上形成掌状黄斑，仅下部叶片枯死，一般植株不死亡。③枯死型：植株严重矮化，叶片皱缩、凋萎、枯死、脱落，病情扩展很快，常导致整株死亡。

茄子黄萎病的防治是比较困难的，生产中可采取以下措施防治。

与非茄科作物轮作5年以上，与葱蒜类作物轮作效果较好，与水田轮作1年即很有效。

土壤可用98%垄鑫颗粒剂在前茬作物收获后消毒。方法是彻底清除前茬作物的残株、根茬，施入下茬作物需用的有机肥料后灌水，灌水后3~5天、土壤可以耕翻时，用旋转犁耕翻土壤20厘米深，翻后应及时打碎土块、耙平，土整得越细，施药后的防治效果越好。

按每平方米施98%垄鑫颗粒剂25~30克的药量均匀撒施，并与20厘米的耕层土壤拌匀即可。从放塑料膜的一端开始喷水，使药剂与水充分接触后发生作用，产生有毒气体。此时一定做到边喷水，边覆膜，边用土压严，减少毒气外逸。如果土温在25℃以上则密闭10天以上，揭膜通风5天；土温15~20℃则密闭12~15天以上，揭膜放气7~10天；土温5~10℃则密闭25~30天以上，揭膜放气20天。如果土温低于5℃，则防治效果受到影响。

播种用50%多菌灵可湿性粉剂500倍液浸种1小时，然后用流水冲洗20~30分钟；或用热水浸种15分钟，移入冷水中冷却后催芽播种。

当10厘米地温升至15℃以上时开始定植。定植时采用扣膜栽培，小水勤浇。尽量少使用冰凉的井水灌溉。如果是露地栽培，没有其他水源时可使井水绕田一周，待其升温后再浇入茄子田中。

嫁接是目前最成功而有效的方法。采用赤茄、CRP（刺茄）、托鲁巴姆、托托斯加等品种作砧木，栽培茄子作接穗，采用劈接法或斜面接法嫁接。

使用穴盘育苗时为预防黄萎病，可在每立方米基质中加50%多菌灵可湿性粉剂200~250克；苗期，包括定植前，可用50%多菌灵可湿性粉剂或70%甲基托布津可湿性粉剂600~700倍液，或

60%防霉宝(多菌灵盐酸盐)600倍液喷施或灌根。发病初期可用50%多菌灵可湿性粉剂500倍液，或70%甲基托布津可湿性粉剂6倍液，或60%防霉宝(多菌灵盐酸盐)600倍液，或12.5%增效多菌灵浓可溶剂500倍液灌根防治，每株灌药液0.5升，每隔5天灌1次，连灌2次。

**特别提示**

茄子黄萎病的病菌以在土壤中越冬，土壤中病菌可存活6～8年，因此土壤带菌是该病的主要初侵染来源。随着连作次数的增多，病原菌也很快积累。病菌通过根部伤口或幼根表皮及根毛直接侵入。病菌也能在种子内、外越冬，常随种子调运而作远距离传播。带菌肥料和带菌土壤借助风、流水、人、畜及农具等途径，将病菌传到无病田。因此在未种过茄子的田块也可能发病，只是发病较轻。

## 148 怎样识别和防治茄子叶霉病？(视频23)

茄子叶霉病发生较普遍，主要危害叶片。发病时先从中、下部叶片，然后逐渐向上蔓延。严重时也危害叶柄和嫩茎。发病的叶片正面出现圆形或不规则形淡黄色褪绿斑点和斑块，叶背面病部生出霉层，初为白色，后渐变为紫灰色或灰褐色，霉层十分明显。有时叶片的正面病斑处也会长出霉层。

要采取综合措施。有些品种(如圆形大果型品种)对该病有明显的抗(耐)病性。茄子种植要避免连茬，应进行2～3以上与非茄科作物轮作，减少病源。种子播前应先在阳光下晒2～3天，然后用55℃温水浸种15～20分钟，或用1%高锰酸钾800倍液浸种30分钟，捞出冲净后催芽。在栽培管理上，对保护地栽培的茄子，应加强温湿度管理，适时通风，适当控制浇水并及时排湿，以形成不利于病菌发展的环境条件。在茄子叶霉病点片发生时及早摘除病叶并带出田外销毁。同时，应及时整枝，增加透光性，合理施用氮肥，增施磷钾肥和钙肥，提高植株抗病能力。保护地在定植前，可每亩用生石灰75～80千克撒施地面，然后深翻两遍，利用石杀菌，并有补充钙元素的作用。保护地定植前，用硫磺粉熏蒸灭菌，效果明显。

在发病前或发病初期用40%加瑞农可湿性粉剂800倍液或65%万霉灵1000倍液或50%宝丽安1000倍液进行预防和控制，或在夜间用45%百菌清烟剂每亩用250～300克熏烟，效果显著。若发病较严重时，可用5%百菌清粉尘剂或65%甲霉灵粉尘剂每亩1千克喷粉。

**特别提示**

该病多发生于早春茬各类保护地种植的中后期，是由于气温升高，浇水过多，管理粗放所致。在本地区尤以早春茬及春露地茬发病最重，多持续发病至当年7月上旬炎热酷暑来临前。同时，连阴雨天气，保护地内光照过弱，通风不良而湿度长期较高，有利于叶霉病的扩展和加重危害。

## 149 怎样识别和防治茄子绵疫病？（视频24）

绵疫病是露地茄子夏季常发生的一种病害，温室大棚栽培的茄子春季随着温度的升高，绵疫病成为危害茄子的主要病害之一。有些菜农通常称之为“掉蛋”、“烂茄子”。

茄子绵疫病主要危害果实，叶茎、花等部位。先在果面上出现水浸状圆形病斑，稍凹陷呈暗褐色，果肉变褐、腐烂易脱落，湿度大时，病部表面长生茂密的白色棉絮状菌丝，迅速扩展，病果落地很快腐烂。此病严重时能侵害茎叶及果柄。茎部染病初成水浸状，后变暗绿色或紫褐色，病部缢缩，其上部枝叶萎垂，湿度大时上生有稀疏白霉，叶部被害，呈不规则或圆形水浸状，淡褐色至褐色病斑，有明显的轮纹，幼苗被害，引起猝倒。

防治方法，选择抗病品种，与非茄科作物实行5年以上的轮作，加强田间管理，及时整枝、打老叶，摘除病叶、病果，加强通风，控制田间湿度，覆盖地膜。预防土壤中的病菌随雨水或灌溉水反溅到果实上。

发病初期，可用75%百菌清可湿性粉剂500倍液，或40%乙膦铝300倍液，或58%甲霜灵锰锌可湿性粉剂500倍液，或50%安克·锰锌可湿性粉剂500倍液，或72%普力克水剂800倍液，72%克露可湿性粉剂800倍液，或52.5%抑快净水分散粒剂2000倍液等喷雾。一般每隔7天左右喷一次，连喷2~3次。

**特别提示**

该病的病原菌在土壤中越冬，适宜发病温度为30℃。夏季高湿多雨。湿度大，有利于孢子形成。相对湿度95%以上菌丝生长旺盛，发病率高，感染性快，为该病的发生创造了有利的条件。特别是地势低洼、土壤黏重、密植通风、雨后暴晴、高湿闷热、排水不良往往发生此病较为严重。

## 150 怎样识别和防治茄子黑斑病？（视频25）

茄子黑斑病主要危害茄子叶片，有时果实也会受害。在茄子中下部老叶上形成圆形或不规则形病斑，病斑多在两叶脉间，上布满黑色霉层。发病重时，叶片早枯。

防治方法，选择抗病品种，播前用55℃的温水浸种15分钟，加强田间管理，及时整枝、打老叶，摘除病叶、老叶，加强通风。收获后彻底清除病残体，并烧毁或深理。

发病初期用3%农抗120水剂150～200倍液喷雾，隔5～7天再喷一次，连续喷3～4次，可兼治茄子早疫病。

**特别提示**

茄子黑斑病的病原在土壤中越冬。高温高湿的环境条件下有利于病害发生。

## 151 怎样识别和防治茄子白粉病?

茄子白粉病从苗期至收获期均可发生。主要危害叶片，叶柄、茎次之，果最轻。发病初期叶面或叶背产生白色近圆形的小粉斑，环境适宜时，逐渐扩大成边缘不明显的连片白粉斑，上面布满白色粉末状的霉，病叶枯黄发脆，但不易脱落。有时(秋季多见)病斑上出现散生或成堆的小黑点。叶柄与嫩茎上的症状与叶片相似，但白粉较少。病害逐渐由植株下部往上发展。白粉后期可变成灰白色或红褐色，严重时植株枯死。

防治方法，与非茄果类作物进行3年以上轮作；收获后彻底清除病残体，并烧毁或深埋；定植前每100平方米用硫磺粉200～250克，锯末500克掺匀，密闭熏一夜；定植后注意通风透光，降低棚内湿度，及时供应肥水。

发病初期喷洒27%高脂膜乳剂50～100倍液，或2%农抗120水剂，或2%武夷霉素水剂200倍液，或75%百菌清可湿性粉剂600倍液，或20%抗霉菌素200倍液，或12.5%速保利2000倍液；白粉病对硫特别敏感，可选用40%多酸胶悬剂800倍液，或40%硫酸胶悬剂500倍液，或25%三唑酮可湿性粉剂2000倍液，或20%三唑酮乳油1500倍液，或12.5%腈菌唑乳油5000倍液，每7～10天喷一次，连喷2～3次。

**特别提示**

白粉病病菌产生分生孢子借气流或雨水传播，在高温高湿或干旱环境下易发生，发病适温20～25℃，以高湿条件下发病重。

## 152 怎样识别和防治茄子果腐病？（视频26）

茄子果腐病主要危害果实，果实染病初期产生水浸状褐色斑，然后迅速扩展到整个果实，导致果实、果柄变褐色、软化、腐烂，湿度大时病部表面产生灰白色霉层，尔后出现黑色毛状霉，似大头针状，病果多脱落，个别干缩果挂在植株上。

防治上，加强肥水管理，适当密植，及时整枝或摘除下部病叶、老叶，保持通风透光。预防发生日烧果，及时采收。高畦或高垄栽培，预防大水漫灌，雨后及时排水。保护地栽培注意及时通风，采用膜下暗灌，降低空气湿度。

发病初期喷洒30%碱式硫酸铜悬浮剂400～500倍液，或50%琉胶肥可湿性粉剂500倍液，或27%铜高尚悬浮剂600倍液，或50%混杀悬浮剂500倍液，或50%甲基硫菌灵·硫磺悬浮剂800倍液，或56%靠山水分散微颗粒剂700～800倍液，或47%加瑞农可湿性粉剂800倍液，7天喷药1次，连喷2～3天。

**特别提示**

主要致病菌为黑根霉，病菌寄生性弱，分布十分广泛，可在多汁蔬菜的残体上以菌丝体营腐生生活，翌年春季条件适宜时，产生孢子囊，孢子借风雨传播，病菌则从伤口或生活力衰弱部位，或遭受冷害部位侵染。气温23～28℃、相对湿度高于80%易发病，雨水多、田间湿度大、整枝不及时、株间密闭、果实伤口多易发病。

## 153 怎样识别和防治茄子灰霉病?

灰霉病为茄子主要病害之一，因其寄主多越冬场所广，发病速度快，危害严重，已成为制约当地菜农种植茄子积极性的重要因素。为了加强对该病害的预测和有效防治，现将其发生特点与防治技术介绍如下:

茄子灰霉病在苗期和成株期均可发生。幼苗染病，子叶先端枯死，其后病菌在幼茎上扩展，使幼茎溢缩变细，常自病部折断枯死。成株期发病，多始于凋萎的花瓣，在花瓣上生成灰色霉斑，再侵入幼果，使幼果腐烂，果实染病后果蒂周围局部产生水浸状褐色病斑，逐步凹陷腐烂脱落，表面产生不规则轮纹状灰色霉状物。叶片染病，由叶尖向内呈 V 字形病斑，初呈水浸状，边缘不明显，后呈浅褐色至黄褐色，湿度大时，病斑上密生灰色霉层。

防治上，加强保温措施，棚室内采用多层覆盖，以缩小棚室内外或日夜温差；采用地膜覆盖，膜下暗灌，以降低湿度；控制灌水，灌水最好选在晴天上午进行；合理密植，以利通风透光；发现病叶、病茎、病枝、病果要及时摘除并集中销毁。

定植前用50%速克灵可湿性粉剂1500倍液或50%多菌灵可湿性粉剂500倍液喷洒茄苗预防灰霉病；茄子开花时结合沾花在防落素中加入0.1%浓度的50%速克灵可湿性粉剂，或扑海因可湿性粉剂，预防病菌从花器侵染。发病初期，可选用40%施佳乐悬浮剂800倍液，或40%多硫悬浮剂500倍液，或36%甲基托布津可湿性粉剂500倍液，或50%速克灵可湿性粉剂1000倍液，或50%扑海因可湿性粉剂1000倍液，或25%多菌灵可湿性粉剂400倍液，或75%百菌清可湿性粉剂600倍液等喷药防治。7天一次，连喷2~3次，尤其注意在露地栽培时雨后应立即喷药。

温室大棚还可选用烟熏法或粉尘法防治，用速克灵或百菌清烟雾剂熏烟，或百菌清或杀霉灵粉尘剂喷粉。几种杀菌剂可单独使用，也可交替使用，且各种药剂交替使用效果最好。每隔7～10天防治一次，依病情延续时间决定用药次数。

**特别提示**

通常在12月至翌年5月期间，气温20℃左右，相对湿度保持90%以上时，菌核萌发产生菌丝体和分生孢子梗及分生孢子。分生孢子成熟后脱落，借气流、雨水或露珠及农事操作进行扩散传播，萌发时产生芽管，从寄主伤口或衰老器官及枯死的组织侵入。开花后侵染花瓣，再侵入果实引起发病导致烂花烂果，因此沾花是重要的人为传播途径。湿度对此病流行影响较大，低温高湿，通风不良发病严重。

## 154 怎样识别和防治茄子炭疽病？（视频27）

主要危害茄果。多危害成熟的果实。果实发病初在果面上产生近圆形或椭圆形至不规则形，黑褐色，稍凹陷的病斑。果斑近圆形至椭圆形，径长达数厘米，边缘深褐色，中部淡褐色至褐色，有的稍凹陷，或隐现轮纹，斑面出现朱红色小点或小黑粒及溢出暗红色黏质物。本病与茄子褐纹病的区别在于其病症明显，偏黑褐色至黑色，严重时导致茄果腐烂。

防治方法，选用抗病品种，一般抗褐纹病的品种也抗炭疽病。在无病区或无病植株上留种，预防种子带菌。带菌种子可用55℃温汤浸种、福尔马林300倍液浸种15分钟或50%多菌灵500倍液浸种60分钟。实行3年以上的轮作。在无病区育苗。在有病区育苗，应行土壤消毒，方法同猝倒病。及时清除田间病叶、病果，集中深埋或烧毁。收获后及时清洁田园。加强肥水管理，增强抗病力；适当灌水，雨后及时排水，降低田间湿度；合理密植，及时整枝打杈，改善通风透光条件。

发病初期可用50%炭疽福美400倍液、80%代森锰锌500倍液、70%甲基托布津500倍液、25%施保克1000～1500倍液或50%混杀硫500倍液喷雾，7～10天1次，连喷2～3次。

**特别提示**

该病为真菌病害。病菌随病株残体在土壤中或种子上越冬。翌年借雨水或育苗进行传播。高温、高湿有利于发病，当气温在20～27℃，空气相对湿度在90%以上时易发病。此外，施肥不足、排水不良、果实发生日灼病等有利于发病。

## 155 怎样识别和防治茄子疫霉根腐病？

茄子疫霉根腐病在部分地区发生，受害植株顶部茎叶萎蔫，进而全株萎蔫，拔除病株可见根系的细根腐烂，仅残留变褐的粗根，不发生新根。剖开植株的根、茎可以看到有的病株维管束从地面数厘米至数十厘米的一段变为褐色。发病后期，病株多枯萎而死亡。

防治方法，育苗前培养土彻底消毒、温汤浸种，培养无病壮苗；定植前，平整土地，作好排灌系统，高畦栽培。重病地与非茄科类、瓜类蔬菜进行3年轮作；加强田间管理，施用充分腐熟的有机肥，合理浇水，预防大水漫灌，并注意雨后及时排水；初见发病植株及时拔除烧毁。

发病初期及时进行药剂防治，用40%乙膦铝200倍液，或72.2%普力克600倍液，或50%甲霜铜500倍液，或60%百菌清500倍液喷雾，尤其要喷施植株茎基部和地面，同时用药剂灌根效果更好。

**特别提示**

茄子疫霉根腐病的病原为寄生疫霉和辣椒疫霉，均属鞭毛菌亚门真菌。病菌以菌丝体和孢子随病残体在土壤中越冬。病菌在田间主要借雨水、灌溉水传播。病菌发育温度范围为5～30℃，适温20～25℃。要求高湿度，特别是土壤水分高是病害发生和发展的决定性因素。

## 156 怎样识别和防治茄子菌核病?

茄子菌核病在茄子整个生育期均可发病。苗期发病从茎基部开始呈浅褐色水渍状病斑，后变褐色，湿度大时长出白色棉絮状菌丝，软腐，但无臭味，干燥时呈灰白色，后期菌丝集结成菌核，茄苗枯死。成株期发病多始于茎基部或侧枝处，产生水渍状褐色病斑，并逐渐变为灰白色，稍凹陷。湿度大时，病部长出白絮状菌丝，皮层腐烂，表皮和髓部长出黑色小菌核。严重受害的皮层呈麻状破裂，致使上部枝叶枯死。叶片病斑初为浅褐色水浸状，后变为褐色圆形，湿度大时长出白色菌丝，干燥后病部易破裂。花及花蕾受害后出现水浸状腐烂，严重时脱落。果实受害主要由果柄发病蔓延后所致，并逐渐扩展到整个果实，病部长出白色菌丝体，后形成菌核。

防治方法，茄子拉秧后，及时清除病残体并且深翻土壤；注意与葱蒜类等实行轮作倒茬；增施有机肥，提倡垄作并覆盖地膜定植，以改善土壤生态环境；注意通风、防寒保温，使棚室茄子栽培环境有利于茄子的生长发育，而不利于菌核病的蔓延，发现病株及时拔除，并带出栽培地深埋或烧毁。

可用50%速克灵可湿性粉剂1500倍液，或50%扑海因可湿性粉剂1000～1500倍液，或40%菌核净可湿性粉剂1000倍液，或60%防霉宝超微粉600倍液喷雾。

**特别提示**

菌核病病原菌在土壤中越冬。次年春天菌核从土壤中散发出子囊孢子，借助气流、雨水或灌溉水传播，由寄主的自然口或伤口处侵入。茄子菌核病是一种低温高湿病害，在温度16～20℃，湿度95%以上的环境条件下最适宜病菌繁殖。

## 157 怎样识别和防治茄子早疫病？（视频28）

茄子早疫病主要危害叶片。整个生育期均可发病，发病初期产生褪绿小斑点，后扩展为圆形或近圆形病斑，中间灰白色，边缘褐色，具同心轮纹，直径2～10毫米，湿度大时，病部长出微细的灰黑色霉状物，后期病斑中部脆裂，发病严重时病叶脱落。

防治方法，前茬结束后，及时清除病残体并与非茄科作物实行5年以上的轮作；种子用55℃热水恒温烫种15分钟后，再浸种催芽；加强田间管理，合理密植，及时摘除老叶、病叶，保持田间良好的通风性，采取地膜覆盖栽培，降低地面湿度。

发病初期，用75%百菌清可湿性粉剂600倍液，或70%代森锰锌可湿性粉剂500倍液，或58%甲霜灵锰锌可湿性粉剂600倍液，或64%杀毒矾可湿性粉剂500倍液，或50%克菌丹可湿性粉剂450倍液，或40%灭菌丹可湿性粉剂400倍液，隔7天喷一次，连续喷2～3次。

**特别提示**

茄子早疫病是一种真菌性病害，病菌以菌丝体在病残体内或潜伏在种子皮下越冬，在田间借风雨传播，从气孔或直接穿透表皮侵入进行再侵染，该病对温度适应范围广，湿度是发病的主要条件，一般温暖高湿发病重。

## 158 怎样识别和防治茄子赤星病?

茄子赤星病主要危害叶片，发病初期叶片褪绿，产生白色至褐色小斑点，后扩展成直径3~5毫米、中心暗褐色的圆形斑，其上丛生很多黑色小点，即病菌的分生孢子器。

防治方法，前茬结束后，及时清除病残体并与非茄科作物实行2~3年的轮作；种子用55℃热水恒温烫种15分钟后，再浸种催芽；培育壮苗，加强田间管理。

发病初期，用75%百菌清600倍液，或40%甲霜铜可湿性粉剂600~700倍液，或64%杀毒矾500倍液，或50%苯菌灵可湿性粉剂1000倍液，或27%铜高尚悬浮液600倍液，隔7天喷一次，连续喷2~3次。

**特别提示**

茄子赤星病病菌以菌丝体和分生孢子的形式随病残体留在土壤中越冬，第2年春季条件适宜时产生分生孢子，借风雨传播蔓延，引起初侵染和再侵染。温暖潮湿、连阴雨天气多的年份或地区易发病。

## 159 怎样识别和防治茄子软腐病?（视频29）

茄子软腐病属细菌性病害。为茄子中、后期主要病害，危害茄子果实，病果初生水渍状斑，后致果实腐烂，具恶臭，外果皮变褐色，失水后干缩，挂在枝杈或茎上。

防治方法，实行与非茄科及十字花科蔬菜进行2年以上轮作。及时清理田园，清除病果到田外烧毁或深埋。培育壮苗，适时定植，合理密植，雨季及时排水，尤其下水头不要积水。

药剂防治；雨前雨后根据监测预报，及时选用下列药剂防治：72%农用硫酸链霉素可溶性粉剂4000倍液或新植霉素400倍液、

50%琥胶肥酸铜可湿性粉剂500倍液、77%可杀得可湿性粉剂500倍液、47%加瑞农可湿性粉剂800～1000倍液、30%绿得保悬浮剂400倍液。茄子采收前3天停止用药。

**特别提示**

茄子软腐病病菌随病残体在土壤中越冬，借助灌溉水、雨水及气流传播。病菌由伤口侵入后，分泌果胶酶溶解中胶层，导致细胞解离，细胞内水分外溢，而引起病部组织腐烂。病菌能够生长的温度范围较大，2～40℃均能活动和危害，最适温度25～30℃，发病需95%以上相对湿度，雨水、露水对病菌传播、侵入具有重要作用。

## 160 怎样识别和防治茄子病毒病?

茄子病毒病可由多种病毒致病，引起的发病特征也有所不同。主要分为以下3种类型：

①花叶型：叶片产生黄绿相间的斑驳，老叶形成圆形或不规则形暗绿条纹，心叶稍黄。

②轮点坏死斑型：植株上部叶片产生局部紫褐色坏死斑点，有时形成轮纹点状坏死，叶面不平，发皱。

③大轮点型：叶片由产生的轮纹病斑、轮纹内黄色小点组成，有时斑点也发生坏死。

防治方法，清除杂草，结合中耕培土铲除杂草，栽培地周围的杂草也要铲除，以减少病毒越冬场所；在农事操作时，工具和手若接触到病株，应在10%磷酸三钠液内浸蘸一下，以避免汁液传毒；高温季节灌水降温调节湿度。保护地栽培条件下，在高温季节可搭设遮阳网以降低气温并注意在蚜虫发生时期及时搭设防虫网以阻挡蚜虫的危害。

发病初期选用20%病毒A 500倍液，或1.5%植病灵乳剂1000倍液，或10%病毒必克可湿性粉剂1000倍液等药剂交替使用，8~10天喷一次，连喷2~3次。

**特别提示**

茄子病毒病靠蚜虫和接触传毒。高温干燥适宜于病毒和蚜虫的繁殖和活动，特别是晴朗无风天有利于蚜虫飞迁，从而传播病毒。栽培地耕作不细、杂草丛生或近野生草地，病毒可顺利越冬，成为来年发病源。一些农业操作如整枝、打尖等，手触病株汁液都能把病毒传给健株，扩大发病，加重危害。

## 161 怎样识别和防治根结线虫？

地上部症状：轻病株症状不明显，病情较重的地上部营养不良，植株矮小，叶片变小、变黄，呈点片缺肥状，不结实或结实不良，但病株很少提前枯死，遇干旱则中午萎蔫，早晚恢复，或提前枯死。

地下部症状：地下部的侧根和须根受害重。根上形成大量大小不等的瘤状根结。根结多生于根的中间，初为白色，后为褐色，表面粗糙，有时龟裂。

防治方法采取以农业防治为主，药剂防治为辅的综合防治措施。

选用无病土壤育苗，彻底清除棚室病根残体，深翻土壤，轮作，利用高温杀灭线虫等措施有效。

药剂防治可在播种或定植前15天，选用10%力满库、50%益舒宁、3%米乐尔等颗粒剂，拌均匀，撒施后再耕翻入土，每亩用药量3~5千克。也可采用条施或沟施，如在定植行中间开沟，每亩施入上述药剂2~3.5千克，然后覆土踏实，形成药带。如果利用穴施法，则每亩用上述药剂 1～2 千克，施药后应注意拌土，以防植株根部与药剂直接接触。

定植后，在棚室内植株局部受害，可用 50% 辛硫磷乳油 1500 倍液，或 80% 敌敌畏乳油 1000 倍液，或 90% 敌百虫晶体 800 倍液灌根，每株灌药液 0.25～0.5 千克，以熏杀土壤中的根结线虫。

**特别提示**

根结线虫主要分布在 5～30 厘米深的土层中。病苗调运可使线虫远距离传播。田间主要通过病土、病苗、灌水和农事操作传播。土温 20～30℃，土壤相对湿度 40%～70% 有利于线虫的繁殖和生长发育。土壤温度超过 40℃ 和低于 5℃，根结线虫的侵染活动都很少，55℃ 以上经过 10 分钟幼虫即可死亡。线虫喜地势高燥、土质疏松、盐分低及沙质疏松的土壤，连作地块发病重。

## 162 怎样识别和防治地老虎？（视频 30）

常见的地老虎有小地老虎、大地老虎和黄地老虎三种，均属鳞翅目夜蛾科。地老虎幼虫食性杂，危害多种作物。3 龄前的幼虫大多在植株的心叶里，也有的藏在土表、土缝中，昼夜取食植物嫩叶，形成半透明的白斑或小孔，3 龄后主要危害茄子及其他作物的幼苗，将幼苗近地面的茎基部咬断，造成严重缺苗、断垄现象。

小地老虎成虫体长 16～21 毫米，深褐色。前翅由内横线、外横线将全翅分为 3 部分，有明显的肾状纹、环形纹、棒状纹，有 2 个明显的黑色剑状纹。后翅灰色无斑纹。幼虫体长 37～47 毫米，灰黑色，体表布满大小不等的颗粒，臀板黄褐色，有两条深褐色纵带。

防治方法，利用成虫对黑光灯和糖、醋、酒的趋性，设立黑光灯诱杀成虫。用糖60%、醋30%、白酒10%配成糖醋诱虫母液，使用时加水1倍，再加入适量农药，于成虫期在茄子地内放置，有较好的诱杀效果。

用95%敌百虫晶体150克，加水1.0升，再拌入铡碎的鲜草9千克或碾碎炒香的棉籽饼15千克，作为毒饵，傍晚撒在幼苗旁边诱杀，每亩1.5～2.5千克。或用新鲜泡桐树叶，于傍晚放在有幼虫的茄田，每亩放50片，早上揭开树叶捕捉。

地老虎在幼虫3龄前，幼虫抗药性差，且尚未入土，暴露在寄主植物或地面上，是用药的关键时期，可选用90%敌百虫晶体1000倍液，或2.5%溴氰菊酯3000倍液，或50%辛硫磷乳剂800倍液，或20%杀灭菊酯2000倍液及时喷药防治，用25%亚胺硫磷乳油250倍液灌根。虫龄较大时，可用25%亚胺硫磷乳油250倍液，或80%敌敌畏乳剂1000～1500倍液灌根。

**特别提示**

小地老虎在北方1年发生4代。越冬代成虫盛发期在3月上旬，4月中下旬为2～3龄幼虫盛发期，5月上、中旬为5～6龄幼虫盛发期。以3龄后的幼虫危害严重。地老虎喜欢温暖潮湿的气候条件，发育适温为13～25℃，相对湿度70%，高温不利于发生，10%～20%的土壤含水量最适宜于成虫产卵及幼虫生存。成虫白天潜伏浅土中，夜间外出活动危害，尤其在天刚亮、露水多的时候危害最重，并且成虫对黑光灯及酸甜物质有较强的趋性，老熟幼虫有假死现象，受惊可缩成“O”形。

## 163 怎样识别和防治蛴螬？（视频31）

蛴螬又称白地蚕、土蚕、地狗子、地漏子、老母虫等，为金龟子的幼虫。属鞘翅目、金龟子科昆虫，其危害蔬菜种类多，分布广，但在我国北方和西南区的山区发生最为严重。

幼虫咬断茄子幼苗的根、茎，使全株死亡，造成缺苗断垄；或啃食根、茎，使秧苗生长衰弱，直接影响茄子的产量和品质。蛴螬以幼虫或成虫在土中越冬，当土温上升至14℃，开始出土活动，危害茄子幼苗。成虫有假死性、趋光性，对未腐熟的有机肥有较强的趋向性。

蛴螬体肥大弯曲近“C”形，体大多白色，有的黄白色。体壁较柔软，多皱。体表疏生细毛。头大而圆，多为黄褐色，或红褐色，生有左右对称的刚毛，常为分种的特征。胸足3对，一般后足较长，腹部10节，第10节称为臀节，其上生有刺毛，其数目和排列也是分种的重要特征。

防治上，堆肥要腐熟，夏季积肥时，多翻勤倒，可使有机肥充分腐熟，杀死金龟子的卵和蛴螨幼虫；次年配制培养土或施入茄子田，可减少虫口基数。在成虫盛发期，用灯光诱杀，可极大的压缩虫口，减轻危害。用2.5%敌百虫粉剂或4.5%甲敌粉，每亩1.5~2千克，拌细土撒于苗床底层或定植穴，可杀死蛴螬。在蛴螬发生期，用50%辛硫磷乳剂800倍液，或90%敌百虫晶体800倍液灌根，每株100克。

**特别提示**

蛴螬在国内分布很广，但以北方发生较为普遍，其幼虫终生栖居土中，喜食刚刚播下的种子、根、块根、块茎以及幼苗等，造成缺苗断垄。成虫则喜食果树、林木的叶和花器。蛴螬对果园苗圃、幼苗及其他作物的危害主要是春秋两季最重。

## 164 怎样识别和防治温室白粉虱？（视频32）

温室白粉虱又称小白蛾，属同翅目粉虱科。除严重危害番茄、青椒、茄子、马铃薯等茄科蔬菜外，也严重危害黄瓜、菜豆等蔬菜。以成虫、若虫吸食植物的汁液，被害叶片褪绿、变黄、萎蔫。该虫群聚危害，种群数量庞大，并分泌大量蜜液，可导致煤污病的发生，造成减产并降低蔬菜商品价值，白粉虱也可传播病毒病。

白粉虱体形小，成虫体长1~1.5毫米，淡黄色。翅面覆盖白蜡粉。卵长约0.2毫米，侧面观长椭圆形，初产淡绿色，覆有蜡粉，而后渐变褐色，孵化前呈黑色。1龄若虫体长约0.29毫米，长椭圆形，2龄约0.37毫米，3龄约0.51毫米，淡绿色或黄绿色，4龄若虫又称伪蛹，体长0.7~0.8毫米，椭圆形。

防治上，白粉虱具有寄主范围广、繁殖快、传播途径多、抗药性强、世代重叠等特点，因此防治上应采用以农业防治为基础进行综合防治。育苗前铲除杂草、残株，彻底熏杀育苗温室残余虫源，通风口安装尼龙纱窗，杜绝白粉虱迁移，培育无虫苗。再将无虫苗定植到清洁的经过熏杀的棚室中。

在白粉虱发生初期，将黄色板涂上机油，悬挂在温室、大棚内，位于行间植株上方，诱杀成虫。人工释放草蛉、丽蚜小蜂等天敌。

在白粉虱低密度时及早喷药是防治成功的关键。棚室可选用25%杀虫烟剂进行熏蒸，每亩用600克，或25%扑虱灵可湿性粉剂1500~2500倍液，或2.5%溴氰菊酯乳剂2000~3000倍液，或2.5%除虫菊酯乳剂2000~3000倍液，10%吡虫啉可湿性粉剂2000~3000倍液，或1.8%黎芦碱水剂800倍液。每隔7天喷1次，连喷3次。

**特别提示**

白粉虱在我国北方不能露地越冬，但在温室保护地条件下，每年可发生10余代，以各种虫态在温室越冬并继续危害，翌春从越冬场所迁飞至定植大棚或露地菜田危害，10月份气温降低，又转移到温室中越冬或危害。成虫有趋嫩性，并且对黄色有强烈的趋向性。白粉虱的繁殖适温为18～21℃，在温室条件下约1个月可繁殖1代。

## 165 怎样识别和防治二十八星瓢虫？

该虫危害易于识别。幼虫和成虫舔食叶肉，残留上表皮呈网状，严重时全叶食尽，舔食果面，受害部位变硬，味苦影响产量和质量。成虫白天活动，有假死性；初孵幼虫群集危害，是药剂防治上最好时机，稍大即分散危害。

该害虫的防治应掌握在幼虫分散扩展前的有利时机，可用敌百虫、敌敌畏等低毒有机磷农药，或用2.5%敌杀死3000倍液、10%溴马乳油1500倍液、2.5%功夫乳油4000倍液以及灭杀毙、天王星等药剂。另外，也可利用成虫的假死性人工捕杀。

**特别提示**

茄二十八星瓢虫成虫白天活动，有假死习性，并相互残杀，雌虫产卵于叶片背面，初孵化的幼虫群居危害，随虫龄增大逐渐分散危害，至老熟幼虫在原处或枯叶中化蛹。温度25～30℃、相对湿度75%～85%的条件下最适宜各种虫态生长发育。

## 166 怎样识别和防治茄黄斑螟？

茄子黄斑螟又名茄螟，属鳞翅目螟蛾科。随着茄子种植面积的扩大，茄子黄斑螟呈加重危害趋势，影响茄子生产的发展。

茄黄斑螟以幼虫钻蛀危害茄子花蕾、花蕊、子房、嫩茎、嫩梢及果实，造成枝梢枯萎、落花、落果，影响产量。早期夏季危害茄果虽较轻，但花蕾嫩梢受害严重，造成减产。秋季多蛀食茄果，一个茄果内常有3~5条幼虫，茄果受害后果表面出现蛀孔，果内虫粪堆积，严重影响食用和商品价值。此虫危害茄子等常造成“十茄九蛀”，虫果率高的达50%~80%，一般年份虫果率亦达25%~35%。

成虫体长6.5~10毫米，雌蛾体形稍大，体翅均白色，前翅有4个明显的大黄斑，卵外形似僧帽或水饺状，光滑无纹，卵粒分散。老熟幼虫体长16~18毫米，蛹长8~9毫米，茧壳十分坚韧，茧形多为扁长椭圆形，有丝棱数条，外露部分平滑。

防治方法：采取综合防治技术，加强田间管理，及时清除田间落花，修剪被害植株嫩梢，及时摘除被蛀果实，并带出田外集中深埋或烧毁处理，减少虫源。在茄子、豆类蔬菜面积较大地区，于5~10月架设黑光灯、频振式杀虫灯等诱杀成虫。

选择在当地有代表性的类型田，定期抽样调查茄黄斑螟消长动态，掌握在茄斑螟卵孵始盛期及时喷药。选用高效、低毒、低残留药剂。可选用5%锐劲特1000倍液或20%绿得福1500倍液或0.36%苦参碱1000倍液或15%杜邦安打4000倍液或2.5%菜喜1000倍液或48%乐斯本1500倍液，交替轮换使用，严格掌握农药安全间隔期。喷药时一定要均匀喷到植株的花蕾、子房、叶背、叶面和茎秆上，喷药液量以湿润有滴液为度。

**特别提示**

近年来，冬季较温暖，对茄子黄斑螟越冬有利，越冬存活虫率较高。5~9月是高温多湿季节，适宜茄黄斑螟的发生，是该虫的发生高峰期；茄黄斑螟的主要寄主茄子、龙葵、马铃薯、豆类等作物种植面积扩大，早、中、晚熟品种混栽明显，不同海拔地区播种和结果差异大，食料丰富，有利其发生；同一田块植株生长不整齐，荫蔽，湿度大的发生较重；不合理用药常造成过多杀伤天敌，促进茄黄斑螟发生。

## 167 怎样识别和防治蝼蛄?

蝼蛄又名小蝼蛄、拉拉蛄、地拉蛄、土狗子、地狗子、水狗。属直翅目蝼蛄科昆虫。有非洲蝼蛄和华北蝼蛄两种。危害茄子及各类作物播下的种子和幼苗。

成、若虫均在土中咬食播下的种子、幼芽或将幼苗咬断致死，受害植株根部呈乱麻状。由于蝼蛄的活动将表土层窜成许多隧道，使苗根与土壤分离，致使秧苗因缺水而枯死，严重时造成缺苗断垄。在温室、大棚，由于气温高，蝼蛄活动早，加之幼苗集中，受害更重。

非洲蝼蛄成虫体长 30 ~ 35 毫米，灰褐色，体小，腹部色较浅，全身密布细毛。头圆锥形，触角丝状。前胸背板卵圆形，中间具一明显的暗红色长心脏形凹陷斑。前翅灰褐色，较短，仅达腹部中部，后翅扇形。腹末具 1 对尾须。前足为开掘足，后足胫节背面内侧有 4 个距。华北蝼蛄体长 36 ~ 55 毫米，体肥大，黄褐色，腹部末端近圆筒形，后足胫节背面内侧有 1 个距或消失。

防治方法：精耕细作，深耕多耙，不施未腐熟的农家肥。取饵料(秕谷、麦麸、豆饼、棉籽饼或玉米碎粒)10 千克炒香，加 90% 敌百虫 30 倍液 300 克拌匀，适量加水，拌潮为度，亩施用 1. 5 ~ 2. 5 千克，在无风闷热的傍晚施撒效果最佳。5 ~ 6 月份和 9 ~ 10 月份成虫活动高峰期，傍晚在茄子田间设置黑光灯诱杀。

药剂防治：用 90% 敌百虫 150 克对成 30 倍液，拌炒香的麸皮或油渣 5 千克，撒在地里蝼蛄的隧道处，苗床上，或定植穴，或沟施丁凹土中。或用 50% 辛硫磷 800 倍液，90% 敌百虫 1000 倍液灌根，每株 100 克。

**特别提示**

蝼蛄以成、若虫在未冻土层越冬。越冬成虫在土温15～20℃时，进入危害盛期。6月下旬至8月下旬，天气炎热，转入地下活动，6～7月为产卵盛期。9月份气温下降，再次上升到地表，形成第2次危害高峰，10月中旬以后，陆续钻入深层土中越冬。蝼蛄昼伏夜出，以夜间9～11时活动最盛，特别在气温高、湿度大、闷热的夜晚，大量出土活动。蝼蛄具趋光性，并对香甜物质，如半熟的谷子、炒香的豆饼、麦麸以及马粪等有机肥，具有强烈趋性。成、若虫均喜松软潮湿的壤土或沙壤土。

## 168 怎样识别和防治红蜘蛛?

茄红蜘蛛又叫二斑叶螨，俗称火蜘蛛、火龙。主要危害的蔬菜种类有瓜类、茄子、辣椒、豆类等。

成虫和若虫群集叶背吸食汁液，被害叶面呈现灰白色斑点，严重时叶片变黄焦枯，以至脱落。

成虫体色为红色或锈红色，雌虫呈梨圆形、体长0.42～0.51毫米，雄虫呈椭圆形、体长0.26毫米、鲜红色，有足4对、无爪，跄节先端有沾毛4根，体背有2个暗色圆斑；卵圆球形，初产时无色透明，渐变为暗色，孵化前出现红色眼点；幼虫体近圆形，暗绿色，眼红色，体长约0.15毫米；若虫由幼虫蜕皮后而成，呈卵圆形，体色深红，有足4对，体长约0.2毫米。

防治方法：铲除田间杂草，摘除植株底部受害严重的枯叶，可消灭部分虫源；天气干旱时，注意浇田，合理施肥，增施磷钾肥，促进植株健壮生长，增强抗虫能力。

药剂防治：加强虫情检查，在点片发生阶段及时喷药。药剂选用50%敌敌畏乳油800倍液、20%复方浏阳霉素乳油1000～

1200 倍液、50% 硫悬浮剂 200 ~ 300 倍液、40% 菊杀乳油 2000 ~ 3000 倍液等喷治。红蜘蛛早防早治效果佳，大发生时防治效果差。

**特别提示**

我国各地均有发生，每年发生约 10 ~ 20 代。北方多以雌成虫潜伏在干菜叶、草根或土缝处越冬，南方各虫态均可越冬。春季先在杂草或越冬寄主上繁殖，后迁入菜田危害。初为点片发生，后喷丝下垂以风等为媒介，扩散在全田株间，先危害植株下部老叶，再向植株上部蔓延危害。红蜘蛛在叶背上吐丝结网产卵，每只雌虫可产卵 50 ~ 110 粒，卵期 3 ~ 4 天。北京 5 月底至 7 月初、内蒙古 7 月至 8 月危害重，南方在高温少雨的 6 至 8 月危害重，一般干旱条件下易大发生。

## 169 怎样识别和防治蚜虫？

蚜虫又称腻虫、油汗、虱子、蜜虫等。分布极广，是世界性害虫。茄子上常见的主要种类有桃蚜、萝卜蚜和甘蓝蚜，此外还有菜绕管蚜、棉蚜、豆蚜等，其中以桃蚜分布最广，危害较大，各地均有发生。

蚜虫常造成植株严重缺水和营养不良，作物叶片和嫩芽受害时，常蜷曲皱缩，产生褪绿斑点，叶片发黄；甚至卷缩变形枯萎，造成减产。此外，蚜虫还可传播多种病毒病，只要蚜虫吸食过感病植株，再迁飞到无病植株上，短时间就可造成病毒病大流行。

有翅雌蚜体长 1.6 ~ 2.2 毫米，头部及胸部均呈黑色，腹部深绿色，触角第 3 节上有 6 ~ 7 个排成一列的感觉孔。无翅雌蚜体长约 2 毫米，体绿色，有时为黄色至紫红色，触角第 3 节无感觉孔。

防治方法：采用 15 厘米宽的银灰色塑料薄膜条，挂在苗床四周或间隔挂在植株上，每条间隔40~50厘米，对桃蚜等蚜虫有很好的驱避作用。在黄板上涂抹机油，插于田间高60厘米处，诱杀有翅蚜虫，降低田间蚜虫密度。

药剂防治：40%乐果乳油1500~2000倍液，或避蚜雾(抗蚜威)50%可湿性粉剂2000~3000倍液，或20%氯戊菊酯乳油3000倍液，或2.5%敌杀死3000倍液，或70%灭蚜松可湿性粉剂2000倍液(残效期较长)，或40%菊杀乳油或40%菊酯乳油2000~3000倍液，或50%马拉硫磷1500~2000倍液，或20%速灭杀丁乳油2000~3000倍液。每7天喷1次，不同药剂交替使用。温室、大棚可用22%敌敌畏烟剂，每亩0.5千克，于傍晚密封棚室后熏烟。

**特别提示**

桃蚜分有翅蚜与无翅蚜。繁殖方式有孤雌生殖与有性生殖。繁殖力强，发育快，1年内可繁殖10余代至几十代，在加温温室及我国南方可终年孤雌生殖，连续繁殖。桃蚜一般以卵在桃、杏等树的芽腋和枝条基部越冬，翌年春3~5月繁殖几代后再产生有翅桃蚜，与少量的菜缢管蚜、甘蓝蚜和棉蚜等先后飞迁茄子菜田，常成群密集于叶片上，刺吸汁液，并排出蜜露，招引蚂蚁，引起霉菌，影响光合作用。

## 170 怎样识别和防治茶黄螨？

茶黄螨又名侧多食跗线螨、黄茶螨、茶半跗线螨、茶嫩叶螨，在全国各地均有发生，其中以华北、长江以南地区受害较重。茶黄螨食性极杂，寄主植物多达30个科70多种，温室大棚中全年都可发生，露地茄子7~9月危害较重。

茶黄螨以成螨和幼螨刺吸茄子的嫩叶、嫩茎、花蕾、幼果等幼嫩部位。嫩叶受害后变小，叶片增厚僵直，背面呈灰褐或黄褐色，具油质光泽或油渍状，叶片边缘向背面卷曲；嫩茎表面变褐色，严重的扭曲畸形，顶部干枯；受害的花蕾不能开花，或开畸形花；果实受害主要发生在雌花脱落后的幼果顶部、果柄、萼片，果皮呈灰白色或黄褐色，果面粗糙，失去光泽，木栓化。严重的果皮龟裂，种子外露，叶呈开花馒头状，味苦而涩，失去食用价值。由于茶黄螨较小，肉眼不易观察，应注意和病毒病或生理性病害危害症状区别开。

茶黄螨成螨淡黄色至橙黄色半透明有光泽，足 4 对。雌成螨长约 0.21 毫米，椭圆形，腹部末端平截足较短，第 4 对足纤细，其跗节末端有端毛和亚端毛；雄成螨体长约 0.19 毫米，圆锥形，足较长而粗壮，第 4 对足胫、跗节细长，向内侧弯曲爪退化成纽扣状。卵长约 0.1 毫米，椭圆形，无色透明，表面有 5～6 行纵向排列的白色瘤状突起。幼螨椭圆形，淡绿色，体背有一条白色纵带 3 对足。若螨被幼螨的表皮包围，是一个静止的生长发育阶段。

防治措施：铲除田间、地边杂草，茄子收获后及时清理枯枝落叶，集中烧毁，同时深翻耕地，消灭虫源，压低越冬螨虫口基数。

避免使用高效、剧毒等对天敌杀伤力大的农药，以保护天敌，维护生态平衡，可用人工繁殖的植绥螨向田间释放，可有效控制茶黄螨危害。

茶黄螨发生的点片阶段，是药剂防治的关键时期。山东夏播茄子可在 7 月下旬至 8 月上旬，或在初花期喷第 1 次药，以后每隔 10 天喷 1 次，连喷 3 次。防治药剂可使用 73% 克螨特乳油 1000 倍液、5% 卡死克乳油 1200 倍液、5% 尼索朗乳油 2000 倍液、20% 三唑锡 2000～2500 倍液或 1.0% 齐螨素乳油 1000 倍液，不仅对茶黄螨有强烈的触杀作用，而且能抑制卵的孵化；也可用波美 0.1～0.3 度的石硫合剂喷洒。喷药的重点部位是植株的嫩叶背面、嫩茎、花器、生长点及幼果等部位，同时由于茶黄螨极易产生抗药性，应注意轮换交替用药。

**特别提示**

茶黄螨成螨有趋嫩性，活动能力较强，当取食部位变老时，雄螨有携带雌若螨向植株幼嫩部位迁移的习性。茶黄螨主要在温室内植株或土壤中越冬，少数雌成虫也可在冬作物或杂草根部露地越冬。靠爬行、风力、农具、菜苗等传播蔓延，始发时有明显的点片阶段。温暖多湿的环境有利于茶黄螨的发生。此外，大雨对茶黄螨有冲刷作用，植绥螨、长须螨等捕食性螨类天敌能控制其数量。

## 171 怎样识别和防治美洲斑潜蝇？（视频33）

美洲斑潜蝇是一种寄主广泛、传播快、防治难、危害广而严重的检疫性害虫。其成虫、幼虫均可危害，雌成虫飞翔过程中将植物叶片刺伤，取食并产卵，叶片上布满约0.5毫米的半透明的斑点，成虫产卵有选择高处的习性，以新生叶片为多；幼虫潜入叶片和叶柄危害，产生不规则蛇形白色虫道，幼虫排泄的黑色虫粪交替地排在虫道两侧，虫道的长度和宽度随幼虫生长而增大，终端明显变宽。美洲斑潜蝇具有个体小、繁殖能力强、食量大等特点，可在1周左右时间里吃尽一片叶的叶肉，仅留上下表皮，致使叶片叶绿素被破坏，影响光合作用，受害重的叶片干枯脱落。

美洲斑潜蝇幼虫老熟后即咬破虫道，落入土内或在土表、叶表化蛹；蛹红褐色，椭圆形，成虫羽化时蛹壳盖状裂开；幼虫乳白色至淡黄色，长3毫米左右。成虫为小型蝇类，体黑色，长1.3~2.3毫米，在其两翅基部中间，有较为显著的黄色亮点，这是该虫的重要特征。

美洲斑潜蝇抗药性发展迅速，对目前市售的多种农药，如有机磷类、有机氯类、菊酯类均有极强的抗性，一旦暴发，危害严重。因此必须引起重视，加强防治。

首先要严格检疫，预防该虫扩大蔓延。北运菜发现有斑潜蝇幼虫、卵或蛹时，要禁止北运。各地要指派专家重点调查和普查，严禁从疫区引进蔬菜和花卉。

将斑潜蝇喜食的瓜类、豆类与其不危害的蔬菜进行轮作，或与苦瓜、芫荽等有异味的蔬菜间作；适当稀植，增加田间通透性；及时清洁田园，把被斑潜蝇危害的作物残体集中深埋、沤肥或烧毁。种植前深翻土壤使掉在土壤表层的卵粒不能羽化。在成虫始盛期至盛末期，用黄板或灭蝇纸诱杀成虫，每亩设15个诱杀点，每个点放一张灭蝇纸。

保护和利用斑潜蝇寄生蜂，如姬小蜂、分盾细蜂、潜蝇茧蜂等，对斑潜蝇寄生率较高，不施药时，寄生率可达60%；施用昆虫生长调节剂5%抑太保2000倍液或5%卡死克乳油2000倍液，对潜蝇科成虫具不孕作用，用药后成虫产的卵孵化率低，孵出的幼虫死亡。防治时间掌握在成虫羽化高峰的8~12小时，效果更好；此外，植物性杀虫剂绿浪2号、1%苦参素、苦瓜籽浸泡液、烟碱水等对美洲斑潜蝇的防效也较高。

在受害作物叶片有幼虫5头时，掌握在幼虫类2龄前喷洒巴丹原粉1500~2000倍液，或1.8%齐螨素乳油3000~4000倍液，或48%毒死蜱乳油800~1000倍液，或5%蝇蛆净粉剂2000倍液，或48%乐斯本乳油1000倍液等，7~10天喷1次，连喷2~3次。

**特别提示**

当前对该虫防治效果最为理想的药剂，应首推阿维菌素制剂，如虫螨克乳油，以及同类的阿巴丁、艾福丁、铁砂掌等，或者阿维菌素的混剂等新型农药。该类药剂具有良好的内渗性能，能在短时间内渗入叶肉和植株内部，麻痹害虫肌肉。害虫中毒后不食不动，但死亡时间较长，药效期长，对抗性害虫有特效。该类药剂对人畜及环境和作物均极为安全，可在菜区广泛使用，是一种高效低毒、低残留的理想药剂。另外这类药剂还可兼治螨及多种害虫，效果均极为理想，也很经济。使用上述农药应避免在高温时喷施，以防药剂挥发失效。

## 172 怎样识别和防治沟金针虫？（视频34）

沟金针虫属鞘翅目叩头虫科，危害多种蔬菜，以幼虫在土中取食播下的各种蔬菜种子、萌发的幼芽、幼苗的根，使幼苗枯死，造成缺苗断垄，甚至毁种。

沟金针虫成虫体长16～28毫米，浓栗色。雌虫前胸背板呈半球形隆起。雄虫体形较细长。卵椭圆形，乳白色。老龄幼虫体长20～30毫米，金黄色。

防治上，深翻土地，破坏沟金针虫的生活环境；在沟金针虫危害盛期多浇水可使其下移，减轻危害；播种或定植时每亩用5%辛硫磷颗粒剂1.5～2千克拌细土100千克撒施在育苗床或定植沟内，也可用50%辛硫磷乳油800倍液灌根防治。

**特别提示**

沟金针虫成虫在夜晚活动、交配，产卵于3～7厘米深的土层中，卵期35天。成虫具有假死性。幼虫于3月下旬10厘米、地温5.7～6.7℃时开始活动，4月份为危害盛期。夏季温度高，沟金针虫垂直向土壤深层移动，秋季又重新上升危害。

## 173 怎样识别和防治蜗牛？

蜗牛又名水牛。在全国各地普遍发生，但南方及沿海潮湿地区较重。食性杂，主要危害茄科、十字花科、豆科及粮、棉、果树等多种作物。成、幼虫以齿舌刮食叶、茎，造成孔洞或缺刻，甚至咬断幼苗，造成缺苗。

蜗牛成虫爬行时体长 30～36 毫米，体外有一扁圆球形螺壳，身体分头、足和内脏囊 3 部分。头上有 2 对可翻转的触角，眼在后触角顶端。足在身体腹面，适于爬行。卵圆球形。幼虫体较小，形似成虫。

防治上，地膜覆盖栽培，合理密植，及时清洁田园、铲除杂草、适时中耕保墒，注意雨后排水；秋季耕翻土地，使部分越冬成、幼虫暴露于地面冻死或被天敌啄食，卵被晒爆裂；人工诱集捕杀，用树叶、杂草、菜叶等在菜田做诱集堆，天亮前集中捕捉；撒石灰带保苗，在沟边、地头或作物间撒石灰带，每亩用生石灰 50～75 千克，保苗效果良好。

药剂防治，常用的药剂有四聚乙醛、贝螺杀等。一般每亩用 6% 四聚乙醛 0.5～0.7 千克与 10～15 千克细干土混匀，均匀撒施，或与豆饼粉、玉米粉等混合做成毒饵，于傍晚施于田间垄上诱杀；当清晨蜗牛未潜入土时，用 70% 贝螺杀 1000 倍液，或灭蛙灵或硫酸铜 800～1000 倍液，或氨水 70～100 倍液，或 1% 食盐水防治。

**特别提示**

蜗牛在南方 3 月初开始取食危害，4～5 月份成虫交配产卵，并危害多种作物幼苗。夏季干旱便隐蔽起来，不食不动并用螨状薄膜封闭壳口。干旱季节过后又危害秋播作物，11 月下旬进入越冬状态。北方春季活动推迟 1 个月，冬眠提早 1 个月。在温室及大棚内发生早，危害期更长。蜗牛喜阴湿，雨天昼夜活动取食，在干旱情况下昼伏夜出活动，爬行处留下黏液痕迹。

# 采收及采后处理技术

茄子果实达到商品成熟时要适时采收，这样不但品质好，而且不影响上部果实的发育。采收标准依据果实萼片下面一段果皮颜色特别浅的部分，这段果皮越长，说明果实正在生长；以后随着果实生长，这段果皮逐渐缩短，至其颜色不显著时应及时采收。如采收过早会影响产量，过晚则果实内种子发育耗掉较多养分，不但造成果实品质下降，还影响上部果实生长发育。一般茄身长势过旺时应适当晚收，长势弱时应早收。

## 174 茄子果实如何采收？（视频 35）

茄子采收的时间以早上为宜。早上采收的茄子含水量大，果皮光泽好，茄子本身温度又低，蒸发量小，上市时耗损相应少些。特别是长途运输，更应注意这一点。

另外，还要注意茄子采收的方法，因萼片上有刺又比较坚硬，稍不注意就会扎破手指。采收时可用剪刀剪，或抓住茄子猛往上提，但绝不能抓住茄子往下拉。否则，会把茄果从萼片处拔掉，影响上市的产品质量。

门茄是茄子植株上的第 1 个果实，门茄采收时期不仅取决于果实的成熟度，而且要看植株的生长和开花坐果情况、茄子市场价格情况等。

在植株生长和开花坐果正常的情况下，门茄采收时期主要取决于市场价格及其变化趋势。为提高茄子的经济效益，在市场价格好的情况下，门茄商品果可以稍嫩采收。适期采收门茄，既可早上市卖好价，又可预防果实与植株上层果争夺养分，导致坠秧。

茄子盛果期营养生长与生殖生长比较协调，果实采收主要依据果实成熟度和市场价格确定。茄子始收后，一般 7～10 天采收一次，到盛果期 3～5 天采收一次，连续结果性强的早熟品种，盛果期可 2～3 天采收一次。盛果期茄子果实采收应在早晨，用剪刀剪断果柄，避免损伤植株。

**特别提示**

当植株营养生长不良，呈现植株矮小，叶片小，开花坐果多时，根据茄子商品果实成熟度的一般要求，应尽量提早采收门茄，以减少与茎叶生长的营养竞争。当植株生长过旺，茎秆细长，叶薄而小，呈现徒长现象时，在不丧失果实商品性的前提下，应适当延迟采收门茄，以平衡营养生长与生殖生长的矛盾。

## 175 茄子有哪些简易贮藏方法?

**窖藏保鲜** 贮藏窖选择地势高燥、排水良好的地方挖沟，沟深 1.2 米、宽 1.0～1.5 米，长度视茄子的数量而定。选择无机械伤、无虫伤、无病害的中等大小的健康茄果在阴凉处预贮，待气温下降后入沟。入沟时，将果柄朝下一层层码放。第 2 层果柄要插入第 1 层果的空隙，以防刺伤好果。如此码放 4～5 层，在最上一层盖牛皮纸或杂草，以后随气温下降分层覆土。为预防茄子在沟内生热，在埋藏茄子时，可每隔3～4米竖一通风筒和测温筒，以保持沟内适宜温度。如果温度过低，应加厚土层，堵严通风筒；如温度过高，可打开通风筒。采用这种方法一般可使茄子保鲜贮藏40～60天。在贮藏期间要勤检查，发现病果或腐烂果，要及时剔除。

塑料袋、塑料帐保鲜。将选好的茄果，放入常温20～25℃以下的库房里堆码成垛，用聚乙烯薄膜帐密封，帐内氧含量2%～5%，二氧化碳含量5%，在这种低氧和高二氧化碳的条件下，由于降低了呼吸强度和限制了体内乙烯的合成，并阻止了乙烯的作用，从而预防了茄子的脱把，减少茄果腐烂。此法可贮存茄果30天左右，保持茄果原有的商品价值。也有人采用10微米厚的高密度聚乙烯袋对选好的茄果进行小包装贮藏，在13℃左右的温度条件下，控制袋中氧、二氧化碳、乙烯气体组成在合适的范围内，可贮藏40天左右，能保持原有的品质和新鲜度。

**减压处理保鲜法** 这种保鲜法是应用减低气压，配合低温和高湿，并利用低压空气进行循环等措施，为茄子创造一个有利的贮藏环境。主要依靠真空泵抽除室内部分空气形成低气压，一般气压控制在100毫米汞柱以下，最低为8毫米汞柱。空气中相对湿度是通过增湿器控制，通常在90%以上。这种方法由于在抽气时减少了室内氧气含量，使茄子的呼吸维持在最低程度的水平上，同时还排除室内部分二氧化碳和乙烯等气体，因而有利于茄子长期贮藏。

**恒温库贮藏** 选择深紫色、圆形、含水量低的晚熟品种，在霜前采收，散热后，用垫有席包或纸的筐装好，再一层层码好，顶层覆盖纸，盖上盖，入库保存。库内保持10～13℃。如有条件，库内可用塑料薄膜密封，采用低氧和高二氧化碳气体调节，可延长贮藏期。

**涂膜贮藏法** 用涂料涂在果柄上，可达到控制呼吸强度、防腐保鲜、延缓衰老的目的。涂料的配制方法：10 份蜜蜡、2 份酪朊、1 份蔗糖脂肪酸醋，混合均匀呈乳状液；70 份蜜蜡、20 份阿拉伯胶、1 份蔗糖脂肪酸醋。混合均匀加热至 40℃，即成糊状保鲜涂料。

**特别提示**

为减少茄子发生腐烂或萎蔫，北京市农林科学院蔬菜研究中心曾用苯甲酸洗果，单果包装，温度控制在 10～12℃，贮藏 30 天，好果率可达 80% 以上。

## 176 茄子有哪些加工产品?

夏秋季茄子大量上市，价格便宜，效益下降。采用简易加工的方法可提高产品附加值，延长供应期。现介绍几种茄子简易加工的方法。

**油炸茄子** 选用成熟度适中的新鲜茄子，去除柄、萼片，用清水洗净，削去外皮，再切成三角块，放入120℃以上的油锅中炸 1 分钟左右，炸至表面变微黄即可。炸后沥去油滴、冷却、包装、速冻即成。油炸茄子可根据市场供应随时上市。

**茄子干** 将新鲜无病且幼嫩的茄子洗干净，整个放入蒸锅中蒸至八分熟，然后取出晾凉，将其撕成细条，稍撒精盐或不放盐，然后放在通风干燥处迅速晾干，放在太阳下晒。每隔 2～3 小时翻动 1 次，夜间取回室内，连续晒 2～3 天，即可装箱或装缸凉爽干燥处贮藏。根据市场供应随时上市。食用时，温水浸泡 1 小时，沥干水分，炒肉佐餐、炖肉，风味独特。

**美味茄片** 将新鲜茄子切成片状，按 100 千克茄片 16 千克盐的比例，在缸内一层茄片一层盐，将缸装满。接着添加浓度 16% 的盐水将茄子淹没，压上重物盖严。每隔 2～3 天翻缸 1 次，经 20

天左右腌制成熟，取出放在清水内浸泡 6 小时，其间换水 3 ~4 次，再捞起晾干。取出茄片 100 千克，加辣椒粉 1.2 千克、花椒粉 1 千克、白砂糖 8 千克、味精 200 克混合拌匀，放酱油中浸泡 1 周，即成美味茄片。

**咸蒜茄条** 先把茄子切成宽 2 厘米、长 4 ~5 厘米的茄条，用开水煮到以牙能咬动而不烂的程度时，捞出用凉水浸泡，降温后摊开晾干水分，装缸腌制。在装缸时每 100 千克茄子加入干蒜头或蒜末 3.5 千克、酱油 3 千克和鲜姜末 1.5 千克。每 2 天翻动 1 次，隔 1 天再翻 1 次，4 ~5 天后即可上市。其成品以色深红、咸辣适口为标准。

**糖醋茄子** 将新鲜茄子洗净，去蒂，晾干，切成两半，然后装缸。按 100 千克茄子 10 千克糖的比例，放一层茄子撒一层糖，直到装满后，再用食用醋(100 千克茄子 10 千克醋)浇注到与上层茄子面相平的水平后，压重物。每隔 2 ~3 天翻缸 1 次，连续翻 3 ~4 次即可。把腌缸放在阴凉通风处，15 天后即可上市。

**甜酱圆茄** 选用肉厚、无籽、形状好的鲜嫩圆茄子，剔除烂果、伤果。将茄子经过水泡磨皮后，放入沸水中煮制，煮至熟而手抓不烂时取出，再放入甜酱料液(甜酱料液的成分和用量为鲜圆茄 100 千克，食盐 8 千克，砂糖 10 千克，甜酱 80 千克，料酒适量)中进行酱制。其成品油亮晶莹，质地柔嫩，茄香爽口，酱香浓郁。

**茄子蜜饯** 将新鲜茄子去皮、去茄把，切块，放入 2% 的食盐水中浸泡 4 ~6 小时后，放入煮沸的开水中热烫，当茄子煮至八九成熟时立即捞出，放入凉水中冷却，冷却后放入 0.2% ~0.25% 的亚硫酸氢钠溶液中浸泡 8 ~12 小时。每 50 千克茄子块用 30 千克糖腌渍 24 小时后，再加糖 10 千克，再腌渍 24 小时。将糖渍茄子液滤出，在锅中加热溶化并加入适量的饴糖煮沸，将糖渍的茄子块放入锅中煮沸 5 ~8 分钟，捞出茄子块沥净糖液进行烘晒，半干时将其放入加热至沸的原糖液中煮沸，移入缸中浸泡24～28小时。捞出用糖煮好的茄子块，沥干糖液，均匀地摆放在烤盘中，放入烘箱，在60～70℃下烘烤12～18小时。当烘烤至茄子含水量在18%～20%、用手摸茄子块不粘手时即可出炉。烘烤过程中要及时通风排湿3～5次，每次15分钟，并倒盘1～2次，以便干燥均匀。从烤炉取出的茄子蜜饯应放于25℃左右的室内回潮24～36小时。然后进行检验和整修，去掉脯饯上的杂质、斑点及碎渣，挑出煮烂的、干瘪的、色泽不好的茄子块，合格茄子块用无毒塑料袋包装、装箱、入库。

**速冻茄子** 将无病无损的茄子洗净、蒸熟后晾凉，放入聚乙烯袋中，在-18℃下可以保存6个月。其味与鲜茄子相仿，食用方便。

**特别提示**

此外，还可以加工茄子色素。方法：将洗净的茄子削皮，果肉做菜用，取下的茄子皮捣碎，放入到2倍60～80℃热水中浸1～1.5小时，过滤，滤渣作饲料，取过滤浸提液，浓缩、干燥即成茄子色素产品。茄子色素安全性高，无毒，对光热稳定性好，对蔗糖、葡萄糖、糖精钠稳定，颜色不发生变化。耐一定的氧化性，常见金属中除铁外，其他离子对该色素无明显影响。可广泛用于食品，作饮料、糖果的着色剂。

# 参考文献

[1]唐萍．影响茄子种子发芽力的主要因素及解决办法[J]。吉林蔬菜，2004，(2)：31

[2]谢雪芳．大棚茄子如何培育适龄壮苗[J]．北京农业，2007，(1)：9~11

[3]高莹，刘大军，赵德庵，等．茄子嫁接栽培技术[J]。中国蔬菜，2007，(6)：55~56

[4]韩吉军，胡彦云，尹超，等．茄子高垄深穴栽培技术[J]。西北园艺，2007，(2)：15~16

[5]薛涛．冬春茬茄子栽培技术[J]．中国果菜，2007，(2)：21

[6]杜秀兰，贾磊．日光温室茄子多年生抗病丰产栽培技术[J]．北方园艺，2007，(3)：91~92

[7]张守涛，薛国政．日光温室茄子常见生理障碍及防治[J]．西北园艺，2000，(1)：25

[8]孙梦鸿．日光温室深冬茄子无公害栽培技术[J]．北京农业，2001，(7)：7~8

[9]任领兵，季珊珊，王彬，等．防寒沟西瓜-茄子间作高产高效栽培[J]．西北园艺，2007，(1)：49~50

[10]秦新惠．日光温室越冬甜瓜—延后番茄—早春茄子栽培模式[J]．蔬菜，2006，(10)：14~15

[11]程智慧．茄子生产关键技术百问百答[M]．北京：中国农业出版社，2006

[12]巩振辉．茄子南瓜栽培技术[M]．陕西：西北农林科技大学出版社，2005

| 33 | 《棚室茄子亩产万元关键技术问答》 | 定价 15 元 |
|---|---|---|
| 34 | 《甘蓝亩产 5000 元关键技术问答》 | 定价 15 元 |
| 35 | 《生姜高产关键技术问答》 | 定价 15 元 |
| 36 | 《芦笋无公害栽培关键技术问答》 | 定价 15 元 |
| 37 | 《南美白对虾高效益养殖关键技术问答》 | 定价 15 元 |
| 38 | 《无公害河虾高效益养殖关键技术问答》 | 定价 15 元 |
| 39 | 《林蛙高效益养殖诀窍关键技术问答》 | 定价 10 元 |
| 40 | 《无公害养蜂及蜂产品生产关键技术问答》 | 定价 15 元 |
| 41 | 《快速养猪关键技术问答》 | 定价 10 元 |
| 42 | 《猪病诊断和防治关键技术问答》 | 定价 10 元 |
| 43 | 《肉牛快速养殖关键技术问答》 | 定价 15 元 |
| 44 | 《奶牛无公害高产养殖关键技术问答》 | 定价 15 元 |
| 45 | 《优质肉羊快速养殖关键技术问答》 | 定价 10 元 |
| 46 | 《肉兔快速养殖关键技术问答》 | 定价 10 元 |
| 47 | 《优质毛用兔养殖关键技术问答》 | 定价 10 元 |
| 48 | 《獭兔高效益养殖关键技术问答》 | 定价 10 元 |
| 49 | 《肉鸡高效益养殖关键技术问答 》 | 定价 15 元 |
| 50 | 《蛋鸡年产 280 枚蛋养殖关键技术问答》 | 定价 10 元 |
| 51 | 《土鸡高效益养殖关键技术问答》 | 定价 10 元 |
| 52 | 《鸡病诊断和防治关键技术问答》 | 定价 10 元 |
| 53 | 《优质肉鸭高效益养殖关键技术问答》 | 定价 15 元 |
| 54 | 《蛋鸭 500 日龄产 300 枚蛋养殖关键技术问答》 | 定价 10 元 |
| 55 | 《番鸭快速养殖关键技术问答》 | 定价 10 元 |
| 56 | 《鸭病诊断和防治关键技术问答》 | 定价 10 元 |
| 57 | 《鹅无公害高效益养殖关键技术问答》 | 定价 10 元 |
| 58 | 《鹌鹑快速养殖关键技术问答 》 | 定价 10 元 |
| 59 | 《优质甲鱼无公害养殖关键技术问答》 | 定价 10 元 |
| 60 | 《优质河蟹无公害养殖关键技术问答》 | 定价 10 元 |
| 61 | 《池塘无公害养鱼高效益关键技术问答》 | 定价 10 元 |
| 62 | 《棚室的建造及管理》 | 定价 10 元 |
| 63 | 《农家观光园高效益经营问答》 | 定价 10 元 |
| 64 | 《苗圃综合经营关键技术问答》 | 定价 10 元 |
| 65 | 《棚室蔬菜病虫害防治关键技术问答》 | 定价 15 元 |
| 66 | 《农药科学使用知识问答》 | 定价 10 元 |